U1070315

新化蛋化石的结构与价值探究

罗建中 著

中南大學出版社
www.csupress.com.cn

图书在版编目(CIP)数据

新化蛋化石的结构与价值探究/罗建中著.
—长沙:中南大学出版社,2015.11
ISBN 978-7-5487-2016-4

Ⅰ.新...　Ⅱ.罗...　Ⅲ.恐龙蛋-研究　Ⅳ.Q915.2

中国版本图书馆CIP数据核字(2015)第266917号

新化蛋化石的结构与价值探究

罗建中　著

□**责任编辑**　谢贵良
□**责任印制**　易建国
□**出版发行**　中南大学出版社
社址:长沙市麓山南路　邮编:410083
发行科电话:0731-88876770　传真:0731-88710482
□**印　　装**　湖南金太阳印刷有限公司

□**开　　本**　889×1194　1/16　□**印张** 10　□**字数** 219千字
□**版　　次**　2015年11月第1版　□**印次**　2015年11月第1次印刷
□**书　　号**　ISBN 978-7-5487-2016-4
□**定　　价**　80.00元

图书出现印装问题,请与经销商调换

笔走偏锋心未远

◆白红雪

序

中国社会科学院文学研究所研究员、著名学者杨匡汉先生于2013年8月底来新化参加“天下梅山·白红雪诗歌研讨会”，回京不久，为我的诗集《以骨为灯》寄来序言，劈头一句，力发千钧：“这一片土地是那么幽远诡秘，山水相缭，古邑地灵，暖风包举，竟日逍遥；这一位诗人又使我们如此亲近，其歌朴茂，才思聪敏，援笔立成，鸣凤藻耀。”

记得登机前，他亲口对我说：“你们新化这地方不出怪才才怪。”可惜的是，他老人家没能在新化久呆，来不及发现诗歌以外的奇才怪杰。我在给气功师廖育雄、太极按摩师黄木洲的题词里均说道：“吾邑多怪杰，使近者俱惊。”如陈天华、成仿吾、罗盛教三位上了《辞海》的历史人物自不必多言，再如现实中已出名走红的邬惕予、邹传安、鄢福初、晏西征，哪一个不被外人视为怪才？然而，历史或现实中被隐匿的英才还有不少，就像金沙沉积在资江河床深处，远未被人所知。

我在此要破格推荐的人物，却是难以归纳的“另类”，他很有可能被岁月的尘沙淹没，也有可能立马或者在不久的将来破茧而出……诚如《边城》里翠翠的心上人：也许明天就回来，也许永远也不会回来。谁敢断言？

说来话长，与罗建中初识竟在一地摊上。那时他摆摊卖书，我从他手上不知得到了多少本文、史、哲及科学方面的名著，不禁心生波澜。书从何处来？答曰：自家藏书。能藏如此好书者，必高人也。从其他朋友那儿打听，才知道他早年是文学俊彦，后来考上大学从事科研工作……大略如此，因他一直不肯坦白告知其个人简历，我只能轻描淡写了……大约十年前吧，某朋友约我去野外捡恐龙蛋，且神秘兮兮地补充道：罗教授亲自带我们去！

新化有恐龙蛋？罗教授？满腹疑问和满脑子的好奇，促使我一整天像豹子一样翻山越岭……奇迹和梦想受到惊吓，竟然赤裸裸蹦到我们面前：在原小洋乡黄家岭溶洞和娘家乡的招云寺附近，我们“捕获”了许多沉甸甸的狂喜。

……紧接着一盆冷水从天而降，经一博物馆某专家鉴定，这“狂喜”并非恐龙蛋化石，只是普通的石核。其理由乃新化所处地段，不属白垩纪地层，以往它处发现蛋化石的地层均为白垩纪。

如此坚硬的逻辑推论，让我迅速疲软下来……一泄气便把恐龙蛋全部运往老家父母居住的小木屋里，从此不再问津。

罗建中却不信邪，更不惧权威，独自承担风险，顶住压力，孜孜以求，继续搜寻，深入钻研。现在，《新化蛋化石的结构与价值探究》终于脱颖而出，我再一次被撼动，同时被震醒。事实胜于雄辩。歌德曾告诫人类："理论是灰色的，唯生命之树常青。"特别是近年来，随着收藏市场的纵深拓展，专家鉴定失误频频曝光，不能不令人醍醐灌顶，其中奥妙，恐怕无法用水平高低所能概括……而大自然，绝不按牌理出牌。既有理论，怎么能完全归纳沧海桑田中瞬息万变的偶然？当代逻辑实证主义哲学家一致认为，凡归纳总有遗漏。妙在一瞬。人类起源乃至宇宙起源，至今还是一个众说纷纭的哑谜。当年哥白尼所发现的日心学，以及后来的万有引力、相对论，不都是挂在常识之外的禁果么？

我在此无意对罗建中发现新化遗存恐龙蛋化石做超常与超值的评价，只想提醒读者朋友尽早摒除邻里间无圣人以及宝藏在外的陈规陋见。打开《新化蛋化石的结构与价值探究》或者走进罗建中的梅山石斋，您就会信服：梅山地域不仅有着独特的文化遗存，其岩石土壤间也深藏着不为人知的瑰宝。这对新化文化旅游的开发利用应该别有一番意味。

另外，笔者撰写本文还有一个兴趣点，罗建中发现蛋化石的娘家乡即我的出生地，真是感慨良多。我由此记起了一个真实的故事。19世纪初，印度北部某村庄一财主不惜花费重金让儿子远渡重洋去美国旧金山开办金矿，后因经营不善，血本无归，其儿子只好重返故里垦荒种地。可就在自家院子后500米处，他凭着在美国开办金矿的见识和经验，一锄挖下去，竟找到了一座含金量很高的富矿……

本来，新化就是一个化石之乡，也是一个矿藏丰富之乡。新化的山川奇特；新化的山石独具特色。

罗建中在新化本土采集的古生物化石有十余大类：一、腔肠类；二、腕足类；三、头足类；四、节肢类；五、棘皮类；六、蠕虫类；七、海胆和海胆苹果球；八、古龟类；九、蛋化石和外圈形蛋化石；十、硅化木；十一、爬行动物骨化石和哺乳动物骨化石。

新化在第三系之前，长期处于海洋环境，只有少量陆地外露，在距今1.8亿年前，才全部上升为陆地。因此种类繁多的海洋古生物和陆地古生物长期在此繁衍生息。由于频繁的地壳运动，各种地质灾害不断发生，每一历史时期，都有大量海洋古生物和陆地古生物被深埋地层中，在一定的地质条件和气候条件下变成了化石。

在新化，埋藏有数十万枚蛋化石，地域分布较广，从种类到数量堪称世界之最，为新发现的新奇特品种。罗建中收藏的近两百枚“奇趣蛋化石”（露核蛋化石）极具观赏性，科研价值极高，资源稀少。

在这里，罗建中还发现了存世稀罕的古蛀木虫化石；找到了极为罕见的存在于蛋化石内的古龟类胚胎；采集到了极为珍贵的海胆苹果球化石；收集到了数十枚古爬行动物骨化石和第四纪的哺乳动物骨化石。

他倾平生所学，对新化的古生物，尤其是蛋化石进行了生物学、地层地质学等多学科的研究，其理论见解、论文多次发表在湖南红网、中国化石网等论坛上。他的收藏多次受到湖南电视台、新化电视台的采访报道。明天，更为广阔的发现尚在等待之中。但愿这一次，不再是等待戈多了！

再宕开一笔。今年5月21日，我去罗建中的梅山石斋饱赏蛋化石后，匆匆写了《蛋化石》一诗，现抄录于下以飨读者：

如此小的眼睛
囚禁在死亡与生命之间
趁你没注意
送来悲伤或惊喜

孵化死亡，煎煮生命
仅仅一念之差
她看得见，许多大问题
其实很可怜

答案很重要吗
当食欲遮蔽了眼睛
这世界并没有什么
值得我们同情

真的，答案并不重要，恕我就此打住，是为序。

2014年7月19日

于上梅古城

（本文作者系中国作家协会会员，娄底市作家协会副主席）

作者简介

罗建中，生于1956年，大学文化，湖南省新化县人，网名梅山老怪。从事过水运、化工工作，担任过省科委下达的“81032号”科研项目研究工作近五年。半百之后，爱上了古玩艺术品，尤其对古生物化石、奇石情有独钟。凭着年轻时对文学创作的爱好，近期撰写了多篇古生物化石、奇石研究论文，发表在湖南红网论坛、中国化石网上，均得网友好评。

目　录

第一章

新化地貌轮廓的形成

固体的地球形成于46亿年前。在46亿年前至38亿年前，地球上还没有生命的迹象。大气中缺氧，只有氮气、二氧化碳和水。已发现的最早的生命是澳大利亚的35亿年前的原始细菌化石。

化石是指由自然作用保存在地层中各地史时期的生物遗体和遗迹，如古生物的叶、茎、外壳、骨骼、蛋等硬体遗物和痕迹。古今生物以1.2万年前为分界。

化石的形成条件十分苛刻，它必须同时具备相应的自然条件和气候条件，及时被泥沙淹埋，与空气隔绝，长期受含硅、铁、锰、硫等微量元素的地下水浸染、替代等。据统计，在一万个古生物中只有一个能形成化石。

根据地层形成的先后顺序和化石分布的层次进行推测，人们把地球历史划分为隐生宙的太古代(46亿~25亿年前)、元古代[25亿~5.45亿年前，含震旦纪(8亿~5.45亿年前)]；显生宙的古生代(5.45亿~2.5亿年前)、中生代(2.5亿~0.655亿年前)、新生代(0.655亿~0.001亿年前)。显生宙又细分为古生代的寒武纪(5.45亿~4.95亿年前)、奥陶纪(4.95亿~4.4亿年前)、志留纪(4.4亿~4.17亿年前)、泥盆纪(4.17亿~3.54亿年前)、石炭纪(3.54亿~2.92亿年前)、二叠纪(2.92亿~2.5亿年前)、中生代的三叠纪(2.5亿~2.05亿年前)、侏罗纪(2.05亿~1.42亿年前)、白垩纪(1.42亿~0.655亿年前)、新生代的古近纪(0.655亿~0.238亿年前)、新近纪(0.238亿~0.18亿年前)、第四纪(0.18亿~0.001亿年前)。

人们从不同时期古生物所处的地层推算出不同的地层年龄。新化县虽然只有3567平方公里的土地(明洪武十四年即公元1381年，新化境域面积5100平方公里)，地质结构却十分复杂，不同时期的古生物(化石)种类繁多，分布广泛，不同时期的地层几乎在新化都有出露。

在距今6亿年前的晚元古代时期，雪峰运动以后，新化已由海洋上升为陆地。

至早古生代(距今4亿~5亿年前)，县内沉沦为浅海。

至志留纪末(距今4亿年前)，发生了猛烈的造山运动——广西运动，县内南、西、北全部隆起，升出海面，其余部分则沉陷为深海。

在整个晚古生代都是以深海为主。但地壳仍然震荡频繁，其间数度有短暂的隆起，升出海面。

三叠纪开始(距今2.5亿年前)，仍为海洋，但已上升为浅海。

三叠纪末（距今 1.8 亿年前），地球上又一次大的造山运动（印支运动）发生，地壳再起变化，县内全部上升为陆地，并从此结束海浸。

侏罗纪末（距今 1.42 亿年前），又发生了燕山运动，地层进一步坳陷，“新化盆地”逐渐趋于完整。当时资水尚未形成，“新化盆地”自成一内陆水系，为一内陆海，海底在现在的县城至洋溪一带，沉积了白垩纪的红色岩层。

此后，因河流的向源侵蚀及地壳运动的频繁发生，如距今 0.7 亿年前的白垩纪末燕山运动第三幕和距今 2500 万年前的古近纪喜山运动，地壳的平衡又遭破坏，地层进一步变形。此时资水在新化县南部切割了龙山，使“邵阳海”消失。在新化县北部切割了雪峰山脉，使新化内陆海也消失，于是资水形成，现代地貌的轮廓随之形成。（见《新化县志》，湖南出版社，1996 年，第 106 页，图 1–3）

图 1–1
新化县各乡镇位置图

图 1–2

《新化县志》

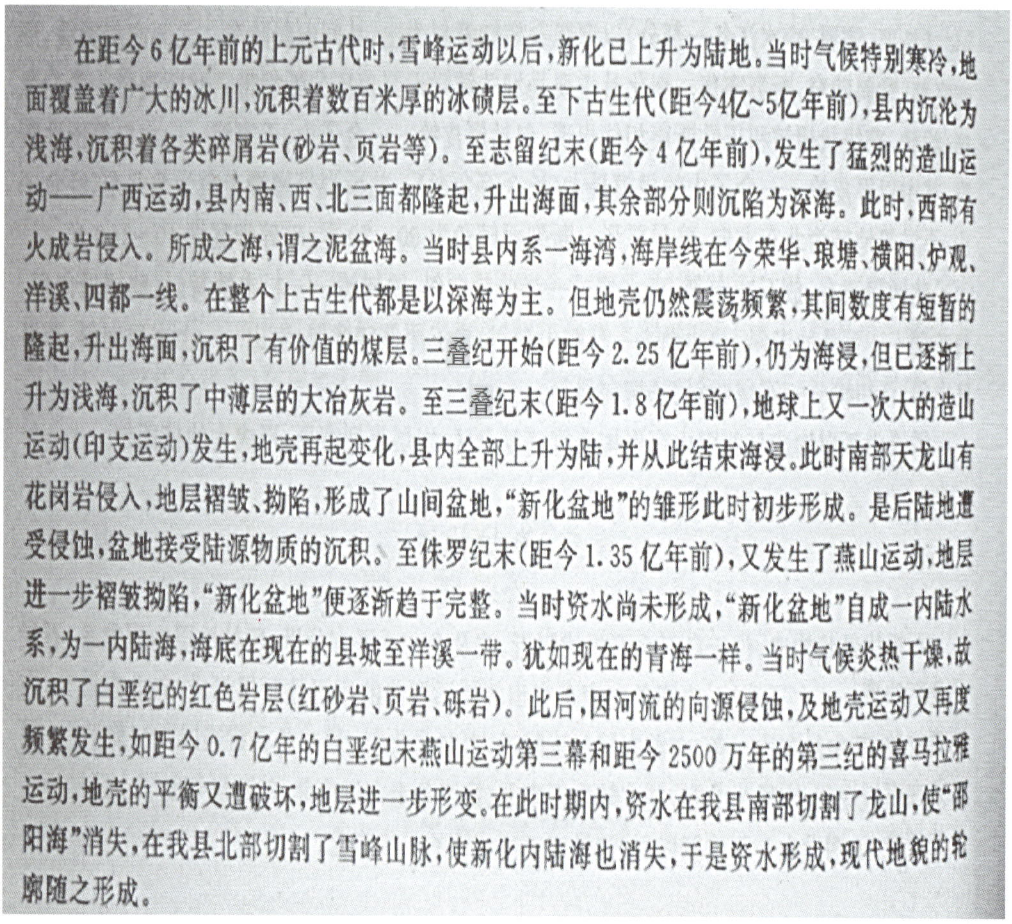

在距今6亿年前的上元古代时，雪峰运动以后，新化已上升为陆地。当时气候特别寒冷，地面覆盖着广大的冰川，沉积着数百米厚的冰碛层。至下古生代(距今4亿~5亿年前)，县内沉沦为浅海，沉积着各类碎屑岩(砂岩、页岩等)。至志留纪末(距今4亿年前)，发生了猛烈的造山运动——广西运动，县内南、西、北三面都隆起，升出海面，其余部分则沉陷为深海。此时，西部有火成岩侵入。所成之海，谓之泥盆海。当时县内系一海湾，海岸线在今荣华、琅塘、横阳、炉观、洋溪、四都一线。在整个上古生代都是以深海为主。但地壳仍然震荡频繁，其间数度有短暂的隆起，升出海面，沉积了有价值的煤层。三叠纪开始(距今2.25亿年前)，仍为海浸，但已逐渐上升为浅海，沉积了中薄层的大冶灰岩。至三叠纪末(距今1.8亿年前)，地球上又一次大的造山运动(印支运动)发生，地壳再起变化，县内全部上升为陆，并从此结束海浸。此时南部天龙山有花岗岩侵入，地层褶皱、拗陷，形成了山间盆地，"新化盆地"的雏形此时初步形成。是后陆地遭受侵蚀，盆地接受陆源物质的沉积。至侏罗纪末(距今1.35亿年前)，又发生了燕山运动，地层进一步褶皱拗陷，"新化盆地"便逐渐趋于完整。当时资水尚未形成，"新化盆地"自成一内陆水系，为一内陆海，海底在现在的县城至洋溪一带。犹如现在的青海一样。当时气候炎热干燥，故沉积了白垩纪的红色岩层(红砂岩、页岩、砾岩)。此后，因河流的向源侵蚀，及地壳运动又再度频繁发生，如距今0.7亿年的白垩纪末燕山运动第三幕和距今2500万年的第三纪的喜马拉雅运动，地壳的平衡又遭破坏，地层进一步形变。在此时期内，资水在我县南部切割了龙山，使"邵阳海"消失，在我县北部切割了雪峰山脉，使新化内陆海也消失，于是资水形成，现代地貌的轮廓随之形成。

图 1–3

《新化县志》中关于新化地质地貌形成的概述

第二章
新化古生物地质分析

第一节　新化古生物化石地质年代及区域分布

不同的古生物化石处于不同时期的地层，只是古生物存在的时间有长有短：有的古生物出现于寒武纪，至今仍存在。有的古生物出现于某个地质时期，只存在了较短的时间便灭亡了。我们认识它们只能从它们的遗体或遗迹化石去进行推测和辨认。

在这里，我们可以根据不同地质时期古生物的分布状况来分析新化各区域的地质年龄。

我们在新化横阳五四、民庄的石塔下发现了生存于寒武纪早期至泥盆纪时期的节肢动物门三叶虫化石。

在新化青山、西河井冲、游家东岭、上梅镇等地发现了大量生存于中寒武世至石炭纪时期的头足纲动物——笔石、角石、菊石化石及生存于寒武纪至新生代的棘皮动物——海百合、海胆、海胆苹果球等化石。

在新化上梅镇地母庵资水河边发现了生存于中寒武世至奥陶纪时期的蠕虫动物——奥托亚虫化石。

在新化温塘、炉观、青山、游家、横阳、洋溪、冷水江锑都等地发现了大量生存于寒武纪末期并延续至今的腔肠动物的化石，如：四射珊瑚类化石。

在新化游家东岭、横阳、西河、青山、谢家庙、炉观、冷水江锑都、水江等地发现了大量生存于寒武纪至石炭纪时期的腕足纲动物的化石：十几种贝类化石和微小贝类生物化石。

在新化青山、上梅镇地母庵资水河边发现了生存于奥陶纪并延续至今的苔藓类动物的化石，如：天祝窗格苔藓虫化石。

在新化炉观河中发现了生长于中生代早期、三叠纪至白垩纪时期的古树木化石。

在新化青山发现了多块生存于中生代至新生代古近纪的裸子植物和被子植物古树木化石。

在新化鹧鸪沙田发现了蛀木虫化石。

在新化油溪资水河段发现了生存于中生代至白垩纪时期的古脊椎动物骨化

石：尾骨化石。

在新化青山发现了多块胫骨化石、肋骨化石和不明部位骨化石。

在新化黄岭发现了古脊椎动物骨化石：颈骨化石（在骨化石所处的地层发现了大量大小不一的蛋化石）。

在新化娘家、上渡、黄岭等多处的高山中上部及青峰河中发现了大量蛋化石，该地层正处白垩纪地层（见《新化县土壤志》第 10 页）。青峰河中的蛋化石是从山上滚入河中，并被河水冲刷成形状怪异、内部结构外露的各种美妙奇石。

在新化上梅镇地母庵资水河边发现了大量古脊椎动物所产之外圈形蛋化石。

在新化青山发现了生存于始新世时期的巨型藻类化石：类乌尔姆梅球轮藻化石。

在新化游家发现了生存于第四纪的古脊椎动物犀牛臼齿化石。

在新化维山武真洞内发现了古脊椎动物之胫骨、锁骨、角质残骨、颚骨残片等骨化石。

在新化鹧鸪沙田发现了鹿角化石。

《新化县土壤志》中记载新化洋溪发现了古脊椎动物：犀牛臼齿、东方剑象门齿和象牙、野牛剑齿等化石。

第二节　新化蛋化石地层地质分析

恐龙生存于距今 24000 万年至 6500 万年前的中生代，灭绝于 6500 万年前的白垩纪晚期。恐龙的灭绝是由多样性事件造成的。

我国多地出土的恐龙蛋乃至世界各地出土的恐龙蛋，其年代都指向白垩纪。

中国河南西峡出土的恐龙蛋化石的年代为早白垩世，距今约 14000 万年，为红黄壤地层出土。

广东河源出土的恐龙蛋化石的年代为晚白垩世，距今约 6500 万年。

辽宁昌图出土的恐龙蛋化石，于上白垩统泉头地层被发现，距今 14000 万年至 6500 万年，为红黄壤地层出土。

湖南常德出土的恐龙蛋化石，出土于上白垩统岩码头组地层，年代为晚白垩世，距今约 6500 万年，为红黄壤地层出土。

新化出土的蛋化石，根据《新化县志》的记载，尤其是根据《新化县土壤志》的记载，产出地为上渡、娘家（召云寺）、黄岭等地，正处白垩系红黄壤地层。

《新化县土壤志》中的“母岩母质图”亦将上渡、娘家、洋溪等地的白垩系地层标注得十分清楚。

图 2-1

《新化县土壤志》

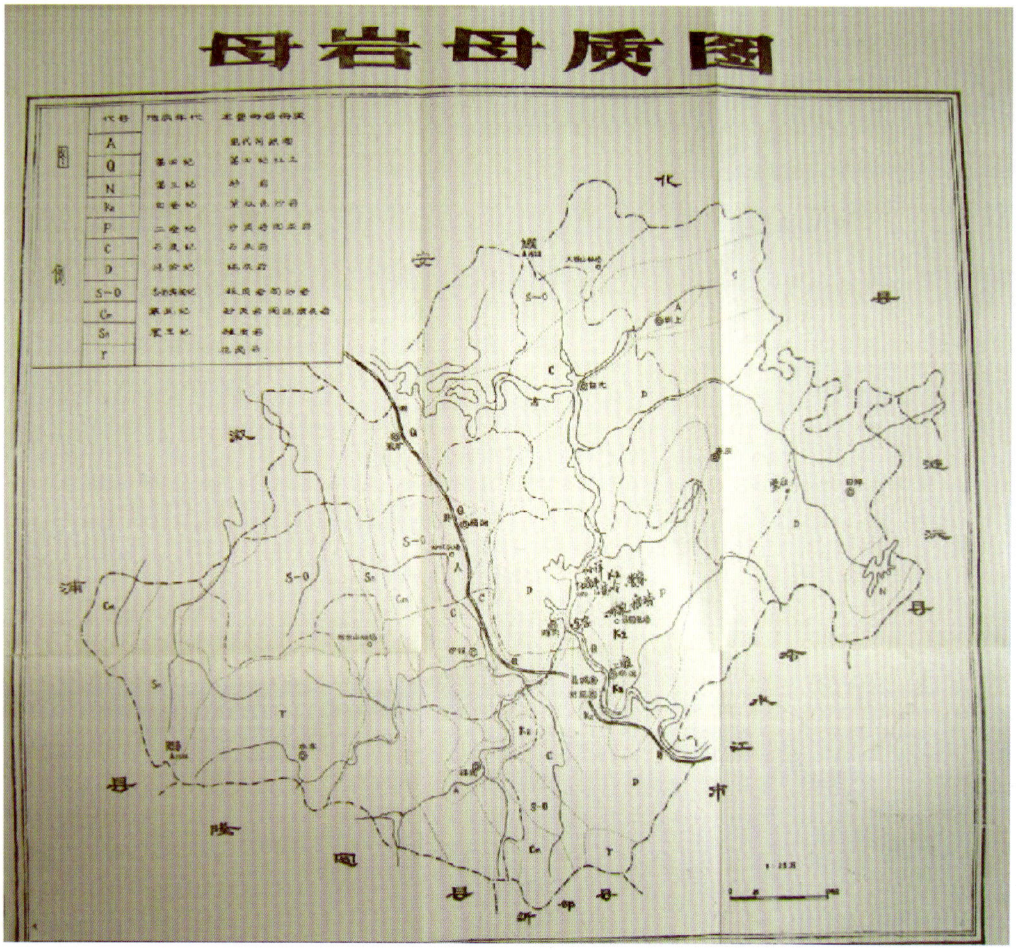

图 2-2

新化县“母岩母质图”

第三章 新化古生物化石种类

5.45 亿至 4.95 亿年前的寒武纪，是地球上生命大爆发的一个时期。脊椎动物的祖先和各种各样的无脊椎动物在短时间内相继出现，此后不断演绎进化。有的生物在进化中不断完善，不断变化，一直延续下来；有的生物却在进化中逐步被淘汰以至消亡。适者生存，是地球生物必须遵循的法则。

节肢动物出现于早寒武世，衰亡于二叠纪末；头足动物出现于中寒武世，灭绝于石炭世；棘皮动物出现于寒武纪却延续至新生代；蠕虫动物出现于中寒武世，至奥陶纪便开始消亡；腔肠动物始于中寒武纪世，却延续至今；腕足动物出现于寒武纪，其大多数种群于石炭纪消亡，只有少数种类留存了下来；苔藓动物始于奥陶纪，但延续至今；最早的植物树化石出现于晚古生代，至中生代的白垩纪最繁盛；爬行古生物的骨化石始见于三叠纪末，消亡于白垩纪晚期；哺乳动物最早出现于三叠纪末，经过漫长的演进，一直延续至今。

古生物化石的发现，为人类研究地球生物的起源与衰亡提供了有力的证据，亦为人类的产生、演化、发展以及人类以后的生存提供了科学的研究方向。

第一节　节肢动物三叶虫

三叶虫属节肢动物门三叶虫纲。为海生无脊椎动物，种属繁多，世界上已发现万余种，中国发现千余种，最早出现于早寒武纪，最终灭亡于二叠纪末。

三叶虫大小不一，体长 1~7.5cm。背部为几丁质（角质）的甲壳，易于保存为化石。因其背甲被两条背沟纵向分为轴部和左右对称的两个肋叶，故名三叶虫。它自前至后又可分为头、胸、尾三部分。三叶虫常产于灰岩、泥灰岩或叶岩中。新化横阳五四、民庄两村所属的石塔下曾发现三叶虫纲的沟通虫（图 3-1，图 3-2）和王冠虫。

图 3-1

化石产区东岭宝塔山

图 3-2

三叶虫化石，发现于新化东岭

王冠虫存在于距今 4.2 亿年的志留纪地层。

沟通虫存在于距今 3.6 亿年的泥盆纪地层。

新化横阳五四、民庄所属的宝塔山（石塔）为海相抬升地层。横断面塌方处可见多层次古生物化石存留，如腕足动物化石、头足动物化石、棘皮动物化石、腔肠动物化石等。

第二节　头足动物门笔石纲

笔石为海生动物，多漂游生活，也有固着于海底者，分布极广，演化迅速。最早出现于中寒武世，奥陶纪至志留纪最繁盛，早泥盆世末期衰退，仅部分树形笔石延至石炭纪后期全部灭绝。笔石是我国奥陶纪、志留纪及早泥盆世地层的重要标志的化石之一。

新化青山、西河井冲、炉观、游家东岭、白沙资江等地发现了大量笔石化石，如：纤细锯笔石（保存于下志留统地层）、肥胖锯笔石（保存于下志留统地层）、笔石与腕足类共生化石（图 3-3~ 图 3-6）。

图 3-3

纤细锯笔石，发现于新化东岭

图 3-4

纤细锯笔石和腕足类化石，发现于新化西河井冲

图 3-5

肥胖锯笔石和腕足类化石，发现于新化东岭

图 3–6
笔石化石，发现于新化青山

第三节　头足动物角石、菊石化石

头足动物、腕足动物、棘皮动物及腔肠动物往往同时出现于同一海相地层。一块小小的化石上，往往能找到多件不同种属的化石。它们都生存于寒武纪早中晚期，或延续至奥陶纪、志留纪、泥盆纪、石炭纪乃至现代。

新化上梅镇地母庵资水河边，西河井冲、东岭、白沙资江、炉观等地发现了多种头足纲角石化石和菊石化石。

欧亚盘角石：轮角石科，盘角石属。湖南多见于大庸、慈利等县中奥陶统宝塔组地层。新化发现于上梅镇地母庵资水河边。

湖南三叶角石：薇石科，三叶角石属。湖南多见于龙山、永顺、大庸、桃源等县中奥陶统宝塔组地层，新化发现于上梅镇地母庵资水河边。

湖南伴角石：伴角石属。湖南多见于桂阳县新屋场上二叠统长兴组地层，新化发现于上梅镇地母庵资水河边。

湘潭内叶鹦鹉螺：内叶鹦鹉螺属。多见于湘潭县潭家山下二叠统栖霞组地层，新化发现于上梅镇地母庵资水河边。

中华震旦角石：头足纲，鹦鹉螺亚纲一属。壳为长锥形，多见于湖北中奥陶统地层，新化发现于游家东岭和青山一带。

菊石化石：头足纲，菊石亚纲一属。多见于广西田东下三叠统地层，新化发现于上梅镇地母庵资水河边。

见图 3-7~ 图 3-18。

图 3-7

湖南三叶角石，发现于新化上梅镇地母庵

图 3-8

湖南三叶角石，发现于新化上梅镇地母庵

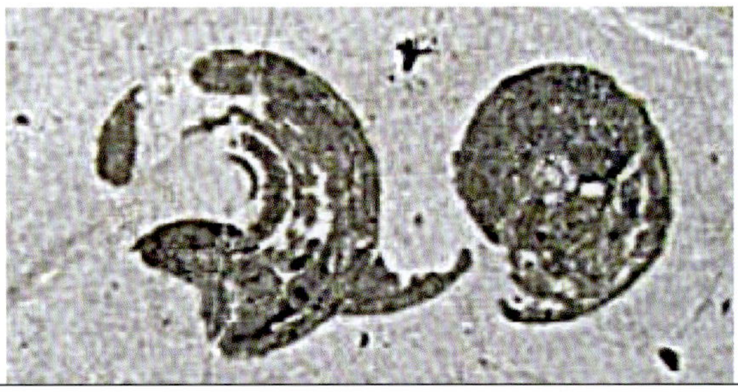

图 3-9

湖南三叶角石，发现于新化上梅镇地母庵

图 3-10

欧亚盘角石，发现于新化上梅镇地母庵

图 3-11

湖南伴角石，发现于新化上梅镇地母庵

图 3-12

欧亚盘角石，发现于新化上梅镇地母庵

图 3-13

湖南伴角石，发现于新化上梅镇地母庵

图 3-14

震旦角石，发现于新化东岭

图 3-15

震旦角石和三叶角石，发现于新化青山

图 3-16

湘潭内叶鹦鹉螺，发现于新化地母庵

图 3-17（左）

鹦鹉螺

图 3-18（右）

菊石

第四节　棘皮动物海百合、海胆、海胆苹果球化石

棘皮动物属后口动物，具有与其他无脊椎动物不同的外骨骼，由中胚层分泌的内骨骼，并有供呼吸及运动的水管系统，体腔明显，体表具有瘤粒或棘刺，故名棘皮。海百合、海星、海胆、海参等都属于本门动物。

棘皮动物全为海生，从潮汐到深山皆有分布，固着海底或游移生活。化石自寒武纪早期即有发现，以海胆动物亚门的海胆纲，海百合动物亚门的海林檎纲、海蕾纲、海百合纲等最为重要。我国此类化石很丰富，古生代、中生代和新生代的海相地层中都有发现。

星圆茎海百合化石：新化发现于青山、炉观、东岭等地。湖南多见于湘乡县小万罗山棋梓桥贺家冲下石炭统大塘阶梓门桥段地层。

环状角卵茎海百合化石：新化发现于青山、炉观、东岭等地。湖南多见于湘乡县棋梓桥贺家冲下石炭统梓门桥段地层。

轮状圆茎海百合化石：新化发现于青山、炉观、东岭、上梅镇资水河边。湖南多见于湘乡县棋梓桥文竹村下石炭统岩关阶孟公坳段地层。

海胆：新化发现于油溪资水河段。海胆属棘皮动物海胆纲，生存于寒武纪至新生代的海洋里。

海胆苹果球化石：新化发现于青山三七五、谢家庙，共两枚。属海胆纲海洋卵生动物，中国古生物研究资料中无此记载，美国有资料显示，该化石较珍稀。

青山还发现海百合与珊瑚类共生化石。

见图 3-19~ 图 3-29

图 3-19

新化青山一角

图 3-20

星圆茎海百合，发现于新化青山

图 3-21

环状角卵茎海百合化石，发现于新化青山

图 3-22

轮状圆茎海百合化石，发现于新化青山

图 3-23

海百合化石，发现于新化青山

图 3-24

海百合化石，发现于新化青山

图 3-25

许氏创孔海百合化石，发现于新化地母庵

图 3-26

海百合和珊瑚类化石，发现于新化青山

图 3-27

海胆化石，发现于新化油溪

图 3-28

海胆苹果球化石，发现于新化青山三七五

图 3-29

海胆苹果球化石特写

第五节　蠕虫动物化石

蠕虫动物俗称蠕虫，是动物界中不同门类蠕虫状动物的总称，包括扁形动物门、纽形动物门、线形动物门、轮虫动物门、环节动物门等。蠕虫动物为长条形，左右对称，质柔软；大多肌肉发达，三胚层，多无附肢，借身体蠕动而移动，故名蠕虫。生存于寒武纪早期至奥陶纪末期。它们绝大多数没有硬体，化石稀少，现有蠕虫动物化石如奥托亚虫。

奥托亚虫化石：新化发现于上梅镇地母庵资水河边。通过观察奥托亚虫化石可知该虫虫体较小，头部较大，呈三角形；前端具粗短的吻刺，尾部逐渐变细，具纵、横纹。

见图 3-30~ 图 3-32。

图 3-30

奥托亚虫，长约 6cm，发现于新化地母庵

图 3–31

奥托亚虫，长约 6cm，发现于新化地母庵

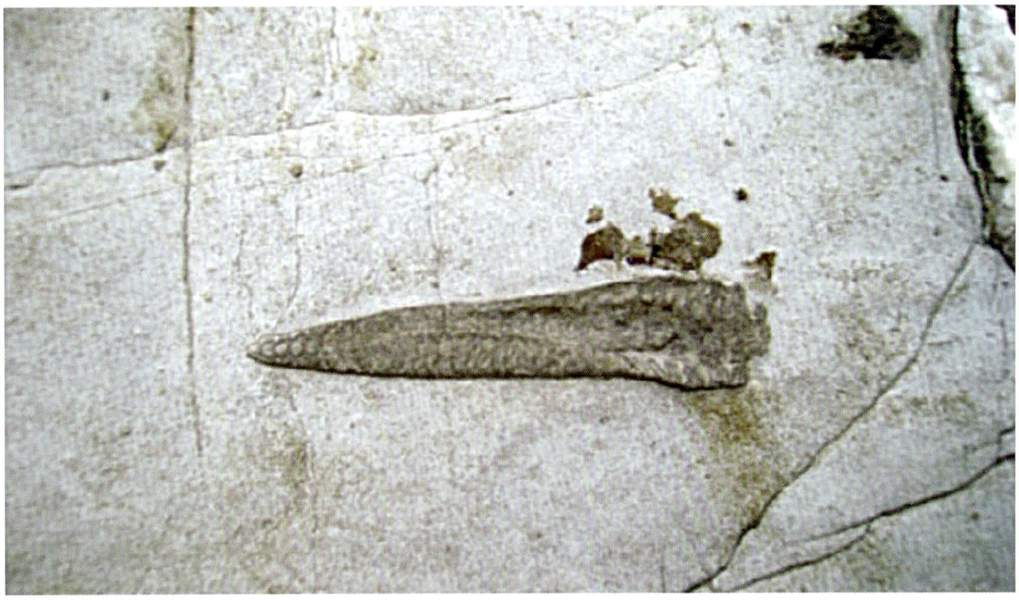

图 3–32

奥托亚虫，长约 5cm，发现于新化地母庵

第六节　腔肠动物珊瑚化石

腔肠动物单体，体壁具内、外两胚层，两层之间为中胶层，身体中央为一空腔，用以消化食物、吸收营养，故称腔肠。水螅、水母、珊瑚等均属此门类。腔的顶端开口，兼具口及肛门的功能，口的周围生有一定数目的触手。外胚层上多有刺细胞，用以捕食和自卫。通过无性和有性两种生殖方式，完成世代交替。

它们绝大多数海生、漂游或固着底栖生活，分布极广，极少生活于淡水。它们最早出现于早寒武世末，一直延续至现代。

珊瑚化石常保存于灰岩及泥灰岩中。古生代时期，以四射珊瑚为主，中生代时期出现了六射珊瑚，新生代时期多见八射珊瑚。所谓八射珊瑚就是珊瑚长有八个床板、八个触手，珊瑚靠这些触手捕食海中食物。珊瑚在海中的生长速度极为缓慢，从珊瑚石化后的生长纹和生长线来推测，一米高的珊瑚大约需要1000年的生长时间。珊瑚骨骼石化，使得有机质的动物珊瑚变为无机质的化石珊瑚，若珊瑚与硅元素结合，在一定条件下，珊瑚会玉化。腔肠动物珊瑚化石种类如下：

贵州珊瑚化石：属四射珊瑚，为个体最大的单体珊瑚，贵州称“牛角石”，一般体长 14~18cm，体径 5~8cm。新化称“羊角石”化石，发现于温塘、青山、炉观、东岭等地。新化发现的贵州珊瑚化石个体略小，单体呈弯锥状，隔壁多而长。主产于广西、贵州、湖南的下石炭统灰岩中，产于泥灰岩中者保存更完整。

蜂巢珊瑚化石：也叫六方珊瑚，复体块状，外形多呈半球形，个体多管状，紧密毗连，状如蜂巢，个体外壁有连接孔，1~3 行，排列规整。它床板平直、规则，具隔壁刺。主产于西南各省及湖南、两广和秦岭西部的中泥盆统灰岩和泥灰岩中。新化发现于青山、炉观等地。

多壁珊瑚化石：复体块状，个体大部分呈不规则的多角形，外壁断续处有两个体间，以泡沫板相连，具复中柱，呈蛛网状，其间隔充以凸度较大的泡沫板，隔壁带与泡沫带间的界线分明，似有围壁，床板带窄且完整。多发现于早石炭统灰岩和泥灰岩中。新化称“丝虫珊瑚”，发现于炉观、青山等地。

条虫珊瑚化石：新化炉观、青山大量发现。

灌木珊瑚化石：新化炉观、青山发现。

松叶状珊瑚化石：冷水江锑都发现。

丛状珊瑚化石：新化鹧鸪沙田发现。

板床珊瑚化石：新化炉观发现。

圆墩形珊瑚化石：新化青山发现。

见图 3–33~ 图 3–46。

图 3-33

贵州珊瑚化石，长5~35cm，发现于新化温塘

图 3-34

贵州珊瑚化石，发现于新化白沙资江村

图 3-35

贵州珊瑚化石，发现于新化青山

图 3-36

多壁珊瑚化石，发现于新化青山

图 3-37

条虫珊瑚化石，发现于新化炉观

图 3-38

蜂巢珊瑚化石，发现于新化炉观

图 3-39

蜂巢珊瑚化石，发现于新化青山

图 3-40

蜂巢珊瑚化石，发现于新化炉观

图 3-41

灌木珊瑚化石，发现于新化炉观

图 3-42

灌木珊瑚化石，发现于新化炉观

图 3-43

丛状珊瑚化石，发现于新化鹧鸪

图 3-44

松叶状珊瑚化石，发现于冷水江锑都

图 3-45

板床珊瑚化石，发现于新化炉观

图 3-46

圆墩形珊瑚化石，直径 5~20cm，发现于新化青山

据《湖南古生物图册》记载，新化还发现如下大量珊瑚类化石：

帕什丛状分珊瑚化石：冷水江锡矿山上泥盆统余新桥阶地层。

华尔脱切珊瑚化石：新化中泥盆统棋梓桥组地层。

新化菲力浦星珊瑚化石：冷水江上泥盆统余新桥阶地层。

马更钧珊瑚化石：新化西河上泥盆统余新桥阶地层。

诺特氏新蛛网珊瑚化石：新化下石炭统地层。

湖南假小泡沫珊瑚化石：新化中泥盆统棋梓桥组地层。

扇状泡沫内沟珊瑚化石：锡矿山下石炭统岩关阶地层。

革老河泡沫内沟珊瑚化石：新化下石炭统岩关阶孟公坳地层。

新化泡沫内沟珊瑚化石：锡矿山下石炭统岩关阶孟公坳地层。

双曲桥笛管珊瑚化石：新化下石炭统地层。

第七节　腕足动物化石

腕足动物为无脊椎动物的一门，全为海生单体动物。软体部分有两个旋管的腕（纤毛环），作呼吸及捕食之用。但最早研究时误将腕当足，为运动器官，故取名腕足。腕足类自寒武纪开始出现，晚古生代达到全盛，中生代大量减少，少数种类延至现代。腕足动物化石演变显著，分布广泛，是一种重要的标志化石，我国古生代海相地层中极其丰富。它为具两瓣硬壳的海生底栖生物，主要保存在灰岩、泥灰岩及钙质贡岩中。常见的腕足动物化石如下：

微小贝类群化石：新化冷水江与双升交界处发现。为一种火成岩结核石中存在的化石，肉眼无法分辨，用高倍放大镜可观察到它们的存在。它们应为早期腕足生物贝壳类化石。

鹗头贝化石：新化炉观、青山都有发现。鹗头贝为腕足类中个体最大者，其中肥厚型的品种，体径常超过 10cm，腹喙高突而向内弯，貌似鹗头，因而得名。鹗头贝壳体呈心形至球形，壳质厚，两壳的中央对称面位置具坚实的隔，主产于滇东及桂中一带中泥盆统泥灰岩、灰岩及白云岩中。

炉观云南贝化石：新化发现于西河井冲、游家东岭、炉观、谢家庙、青山、锡矿山等地。炉观云南贝个体不大，体质肥厚，腹内收，背具多条凸起背梁和纵纹。多产于炉观上泥盆统锡矿山阶地层。

连山棘刺贝化石：新化发现于青山、炉观、东岭等地。连山棘刺贝个体中等，背具多条横纹，见方，嘴内弯，腹内收凹陷，具罗状横纹多条。湖南多见于邵东县、湘乡市下石炭统大塘阶地层。

放射舒克贝化石：新化发现于青山、炉观等地。放射舒克贝腹具纵向放射纹加横向罗纹，嘴喙如刀切齐口，背隆起具放射纵纹。湖南多见于邵东崇山铺、株洲泗洲卿鱼塘下石炭统地层。

分离弓石燕化石：新化发现于西河井冲、青山等地。分离弓石燕背脊具较阔分离沟，腹具隆起带，嘴微钩。湖南多见于祁东县东家、零陵县、冷水滩、浏阳市关口草坪上泥盆统地层。

次阔弓石燕化石：新化发现于西河井冲、青山、炉观等地。次阔弓石燕背脊具较阔分离沟，嘴较平，嘴喙下具三角形深沟，腹肥隆。湖南多见于零陵县黄羊司上泥盆统锡矿山阶地层。

新化大长身贝化石：新化发现于青山，俗称“海螺”。湖南新邵县新田铺发现于下石炭统大塘阶梓门桥段地层。

桃源双片螺化石：新化发现于青山后背。新亚属，新种，口盖子形，角质含钙质，内唇边弧形，凸度比外唇边略强，壁唇边微凹或直。两个窝面凸度高，较小，后端斜向外唇边，外唇边及前部都相切，窝面壁唇边暴露面很窄。突面具微弱旋线，口盖具较粗旋线，核微凹，位于二突面前部，偏向轴唇边。湖南省常德市岩码头发现于始新统沅江组二段地层。

奇异鳍石燕化石：新化发现于西河井冲。奇异鳍石燕中等大小，横宽，宽约为长的两倍，主端呈尖翼状突伸，槽内壳线二分叉，共有7条；背壳凸度稍强，中隆窄面凸，其上有壳线6条。侧区壳线简单，仅在近中槽处弱分支；粗细均匀，每侧14~16条。腹内齿板短、厚。湖北宜都发现于石炭统地层。

横阳五四、民庄发现大量多种群的腕足动物化石。

《新化县土壤志》中也记载有数种新化县上泥盆统腕足动物化石。

见图3–47~图3–61。

图 3–47

微小贝类化石团块（小贝类需高倍放大镜观察），发现于新化水江

图 3-48

鹗头贝化石，长8~10cm，发现于新化东岭

图 3-49

炉观云南贝化石，宽1~3cm，发现于新化西河井冲

图 3-50

放射舒克贝化石，发现于新化青山

图 3–51

连山棘刺贝化石，发现于新化青山

图 3–52

连山棘刺贝化石，发现于新化青山

图 3–53（左）

分离弓石燕化石，发现于新化西河井冲

图 3–54（右）

次阔弓石燕化石，发现于新化西河井冲

图 3-55

新化大长身贝化石，发现于新化青山

图 3-56

新化大长身贝化石，发现于新化青山

图 3-57

桃源双片螺化石，发现于新化青山

图 3–58

奇异鳍石燕化石，发现于新化西河井冲

图 3–59

石燕化石群，发现于新化东岭

图 3–60

炉观云南贝化石群，发现于新化谢家庙

图 3-61
新化上泥盆统腕足动物化石

据《湖南古生物图册》记载，新化还发现如下大量腕足动物化石：

简单云南贝化石：新化陶塘上泥盆统地层。

陡缘云南贝拟史纲变种化石：新化黄家垅上泥盆统地层。

长龙界云南贝化石：新化锡矿山上泥盆统地层。

新化剥鳞贝化石：新化县金凤上泥盆统地层。

肥厚准云南贝化石：新化县上泥盆统锡矿山阶地层。

新化新石燕化石：新化县下石炭统大塘阶地层。

陶塘鳍石燕化石：新化县下石炭统岩关阶刘家塘地层。

阿尔发等小长身贝化石：新化上泥盆统锡矿山阶地层。

锡矿山褶房贝化石：新化炉观上泥盆统锡矿山阶地层。

湖南云南贝化石：新化陶塘上泥盆统锡矿山阶地层。

葛登天窗贝化石：新化上泥盆统锡矿山阶地层。

褶锦阿杜尔法贝化石：新化金凤上泥盆统余田桥阶地层。

王氏湖南石燕化石：新化上泥盆统锡矿山阶地层。

穹石燕形熊石燕化石：新化上泥盆统地层。

锡矿山帐幕石燕化石：新化上泥盆统锡矿山阶地层。

"莫奇逊"帐幕石燕化石：新化炉观上泥盆统锡矿山阶地层。

第八节　苔藓动物化石

苔藓动物为无脊椎动物的一门。外形很像苔藓植物，故名。所有苔藓虫均为许多个体组成的群体，故又称“群虫”。群体的骨骼部分为硬体，多为钙质或几丁质，也有极少数没有硬体，可保存为化石。硬体由许多个体分泌的虫室构成，外形呈树枝状、块状、球状、半球状、板状、藻片状及网状等。小的仅数毫米，大者可达数百毫米。表面常具尖峰突起或斑点等。

苔藓虫主要分布于各大海洋中，固着在海底或其他物体上生活，分布极广，常与珊瑚、腕足类等共生。我国奥陶系至三叠系海相地层中均发现有苔藓虫化石。少数种类还留存至今。

天祝窗格苔藓虫化石：新化发现于上梅镇地母庵资水河边、青山等地。

见图 3-62~ 图 3-63。

图 3-62

苔藓虫化石，发现于新化青山

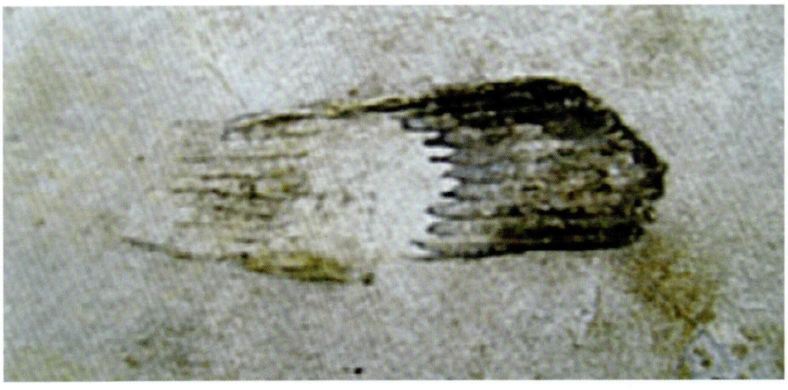

图 3-63

天祝窗格苔藓虫化石，发现于新化地母庵

第九节　树化石（硅化木）

新化于侏罗纪的早期即1.8亿年前已全部由海洋上升为陆地。其间，发生了多次大的地质构造运动，大量古生物动植物被掩埋在地层里，有少量逐步变成了化石。

据《中国古生物化石》《湖南古生物图册》《东北地区古生物图册》《中国植物化石》《奇石鉴定》等资料显示，硅化木在距今6500万年至1.95亿年的中生代地层中最为丰富，且绝大多数由裸子植物中的松柏科形成，如炬木和异木等。

也有资料显示，植物化石主要来源于晚古生代和中生代的孢子植物和裸子植物，少部分来自于新生代的被子植物。大约在1.5亿年前，在洪水冲刷下，成片树林逐渐被泥沙和火山灰掩埋，在密封和高温的条件下，经过含硅的地下水长期浸泡硅化而形成树化石。

硅化木在全球各大洲分布广泛，而且以中生代裸子植物硅化木为主。我国各地均有产出，著名的产地有北京延庆县千家店乡、新疆奇台县将军戈壁滩、江西上饶地区、内蒙古、辽宁等地。

新化发现的硅化木数量较少，实物体积也不大，多为树干的一段或树木硅化后的残片。常见硅化木化石如下：

炉观硅化木：发现于炉观河中，为挖砂船从河底挖出。

青山玛瑙质硅化木：发现于青山地层，为采石场开山采石从地层深处挖出。

青山含钙质硅化木：发现于青山地层，大型树木硅化不完全的残片化石。

硅化蛀木虫：也可称为玛瑙质蛀木虫。发现于鹧鸪沙田一小溪中，在一埋于地层深处的含虫硅化木之中，经上万年的洪水冲刷而露出地表。

见图3-64~图3-69。

图 3–64

炉观硅化木，直径16cm，发现于新化炉观

图 3–65

炉观硅化木，直径16cm，发现于新化炉观

图 3–66

青山树化石，直径14cm，发现于新化青山

图 3-67

青山树化石，发现于新化青山

图 3-68（左）

蛀木虫化石，长 6.5cm，发现于新化青山

图 3-69（右）

虫化石（不明物种），新化青山

第十节　古脊椎动物骨化石

脊椎动物是动物中最高等的一类，属脊索动物门中的一个亚门。体内由脊椎骨组成的脊柱为其特征。它们种类繁多，分布于水中、空中及陆上。有很强的适应环境的能力。

脊椎动物化石大多以零星的骨骼、牙齿及鳞片等形式保存。人们常利用这些化石来划分和对比地层，尤其是在研究陆相地层时，它是晚古生代至更新世地层划分和对比的重要依据之一。

新化所发现的古脊椎动物骨化石极其有限，除只有少数几块可以辨认出古生物部位的骨骼外，大部分都无法认定其属何部位骨骼。新化发现的骨化石如下：

尾骨化石：发现于油溪资水河段。骨骼为古脊椎动物尾骨的一段，外皮紫色，与现生海洋中的墨鱼体表颜色一致。骨骼表层生有排列规整的间隔 1cm 以上的凹坑，凹坑直径在 1cm 左右。尾骨呈椭圆形，长径 9cm。骨质中心有骨髓痕及中空痕。从尾骨的外观颜色分析，可以推测出其为海洋古脊椎动物的一种，如鳄鱼、蛇颈龙、古蛇类、龟类等的一种。

胫骨化石：发现于青山。由于当地村民开山采石，青山多处开凿出一面面高 30m~50m 的石灰岩断层。在断层的上部约数米以下有一层 30 多 cm 厚的层面发现含有较多骨骼。由于分辨不出部位，只收集了少数几片残骨，该骨骼为胫骨的一节残骨，长 11cm、关节部位宽 10cm，骨表面呈土黄色，骨内质呈黑灰色，多疏松气孔。

肋骨化石：发现于青山。所处地层与上述胫骨位置相同。骨外表颜色呈土黄色，骨质颜色呈黑灰色，多疏松气孔。有肋骨残骨多片。

颈骨化石：发现地黄岭，发现颈骨的位置同时发现了大量蛋化石。颈骨宽 15cm，厚 8.5cm，高 9cm，内径宽 5.5cm，骨外表呈土黄色，内质灰黑，骨质疏松多气孔，质轻。颈骨发现的地层为侏罗纪末至白垩纪时期的地层。

另有不明部位骨化石多块，采集于新化青山、油溪资水河段等地。

见图 3–70~ 图 3–75。

图 3–70

尾骨化石，长径 9cm，发现于新化油溪

图 3-71

尾骨化石，长径 9cm，发现于新化油溪

图 3-72

胫骨化石，尺寸：9cm×10cm，发现于新化青山

图 3-73

肋骨化石，尺寸：5cm×12cm，发现于新化青山

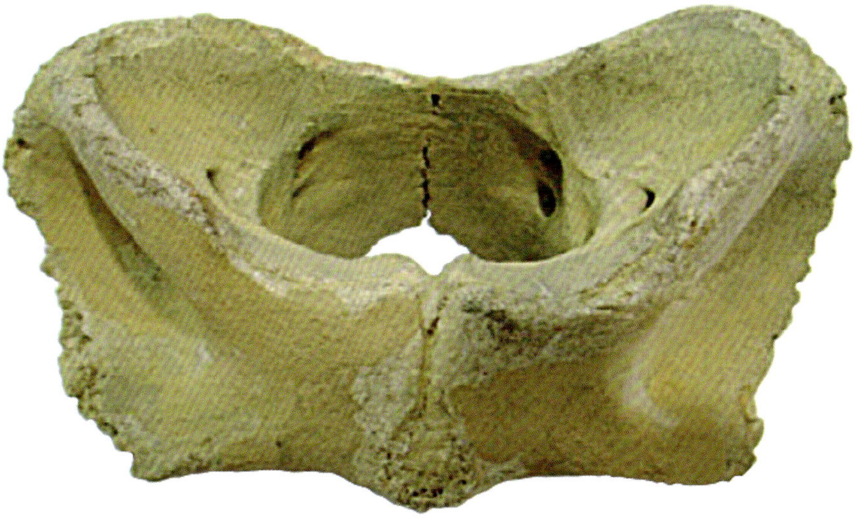

图 3-74

颈椎骨化石，尺寸：9cm×14cm，发现于新化黄岭

图 3-75

不明部位骨化石，长17cm，发现于新化油溪

第十一节　藻类化石

类乌尔姆轮球藻化石：新化发现于青山一低洼地坑底。该化石呈椭圆形，全身褶皱罗纹硬壳，一端生单个多纹罗纹，另一端生对称性两个多纹罗纹。

见图 3-76~ 图 3-77。

图 3-76

类乌尔姆轮球藻化石，尺寸：3.5cm × 3cm，发现于新化青山

图 3-77

类乌尔姆轮球藻化石，尺 寸：2cm × 3cm（上），3.5cm × 3cm（下），发现于新化青山

第十二节　哺乳动物骨化石

哺乳类是脊椎动物亚门中最高等的一纲，其身体结构比爬行类更为完善，更具适应能力。它体表被毛，恒温，脑发达，大多胎生，以乳汁哺乳幼兽，故名哺乳动物。个体一般分为头、颈、躯干、尾和四肢五部分。下颌骨由单一的齿骨组成，牙齿分为门齿、犬齿、前臼齿和臼齿。哺乳动物化石很多，食肉类以剑齿虎为代表；蹄型类以三趾马化石为代表；长鼻类以剑齿象、猛玛象为代表；灵长类以猴、猿、猩猩和人类为代表。

哺乳动物最早出现于三叠纪后期、侏罗纪、白垩纪，古近纪开始大量繁盛。

犀牛臼齿：发现于新化游家，为第四纪地层出现的古脊椎类动物，即哺乳类动物化石。

据《新化县土壤志》第 14 页记载，新化洋溪发现有古脊椎动物骨化石：

①犀牛臼齿；②东方剑象门齿、象牙；③野牛剑齿。

据《维山文化》记载（见第 35 页，封底），新化维山真武洞发现有古脊椎动物化石：

①动物胫骨；②动物锁骨；③角质状残骨；④颚骨残片。

新化鹧鸪沙田发现鹿角化石：

鹿角长 50cm，宽 35cm。化石发现于沙田小溪淤泥中，经洪水长期冲刷外露而发现。

见图 3-78~ 图 3-83。

图 3-78

犀牛臼齿，尺寸：7cm × 3.2cm，发现于新化游家

图 3-79

犀牛臼齿，尺寸：7cm × 3.2cm，发现于新化游家

图 3-80

新化下石炭统珊瑚动物及第四纪脊椎动物化石，发现于新化洋溪横阳

图 3-81

鹿角化石（第四纪），高 50cm，发现于新化鹧鸪沙田

图 3–82

野牛角化石，长60cm，发现于新化游家

图 3–83

野牛角化石，长60cm，发现于新化游家

第十三节　蛋化石

蛋化石，一般指恐龙类下的蛋形成的化石。但事实上，与恐龙类同时期的古脊椎类动物还有很多。

新化在距今 1.8 亿年前已由海洋上升为陆地。至 0.7 亿年前后的白垩纪末期（即侏罗纪中后期至白垩纪末期），地球上各类爬行动物极其繁盛，蜥蜴类和蛇类自侏罗纪后期演化出来。龟鳖类特别是龟，自三叠纪中晚期出现后，至今长盛不衰。鳄鱼与恐龙的亲缘关系最近，它与恐龙同时出现，在中生代鳄鱼归属“二等公民”，但它却是唯一能与恐龙匹敌的动物。恐龙自 2.45 亿年前的三叠纪出现，至 0.65 亿年前的白垩纪末消失，统治了地球 1.6 亿年之久。喙头蜥是蜥蜴的近亲，三叠纪末期，它们的祖先就已活跃在地球上。2 亿年来，它们的样子基本上没有多大变化。

上述这些古爬行动物，都生活在侏罗纪至白垩纪的地层上，都下蛋，都有可能形成蛋化石。

新化因频繁的地质灾害，导致了包括恐龙在内的各类古生物遭受了一次次巨大的灾难。遇害的古生物被埋于各地质时期的地层里，变成化石，才留给了我们今天认识的机会。

新化于娘家招云寺、黄岭、上渡等地发现了大量蛋化石，品种多样，规格不一。有卵圆形蛋、扁圆形蛋、圆形蛋、椭圆形蛋等。并发现不同类型蛋核化石达 7 种之多；发现不同剖面图纹的半边蛋化石有 20 多种。

这些蛋化石所处的地层都是侏罗纪末至白垩纪时期的地层。

见图 3–84~ 图 3–91。

另见《新化县土壤志》第 10 页“母岩母质图”。

图 3–84

椭圆形蛋化石（白垩纪），直径：左 14cm，右 16cm，发现于新化黄岭

图 3–85

窝状扁圆形蛋化石（白垩纪），直径 16cm，发现于新化黄岭

图 3-86

含龟胚胎蛋化石，直径17cm，发现于新化水江

图 3-87

露核蛋化石，发现于新化上渡

图 3-88

露核扁圆形蛋化石，发现于新化黄岭

图 3-89

内空洞露核圆形蛋化石，发现于新化娘家招云寺

图 3-90

蛋化石剖面，发现于新化娘家招云寺

图 3-91

孵化型蛋化石，发现于新化娘家招云寺

第十四节　外圈形蛋化石

外圈形蛋化石：新种，以往无资料记载，无相关文献参考。

新化发现于上梅镇地母庵资水河边，斜坡形层积页岩上成片成片出现，十分美妙、壮观。

该页岩相邻处发现大量角石化石、棘皮动物化石、蠕虫动物化石等。

见图 3–92~ 图 3–96。

图 3–92

外圈形蛋化石，直径 20cm，发现于新化地母庵

图 3–93

外圈形蛋化石，发现于新化地母庵

图 3–94

外圈形蛋化石，发现于新化地母庵

图 3–95

外圈形蛋化石，发现于新化地母庵

图 3–96

外圈形蛋化石蛋核，发现于新化地母庵

第四章
新化蛋化石探奇

第一节　恐龙化石简介

恐龙是生活于中生代的多样化、具有优势的脊椎类动物，支配全球陆地生态系超过 1.6 亿年之久。恐龙最早出现在 2.45 亿年前的三叠纪，灭亡于约 6500 万年前的白垩纪晚期，最终灭绝于 6300 万年前。人类发现恐龙是以发现恐龙化石开始的。

“化石”一词指石化了的生物。古代的生物被掩埋在沉积物中，这些沉积物堆积在陆地上和江、湖、河、海的水底。生物体中的软组织腐烂后，坚硬的骨骼、牙齿、外壳等被遗留了下来，经过几万年、几十万年乃至上亿年的时间，含有矿物质的地下水渗入其中，矿物质逐渐代替了其有机组织，变成了石头。但化石仍保持了原有组织的形态和大小。由于不同时期的化石存在于不同的地质层中，人类就据此分析生物的进化过程，还可通过解剖学的原理，从不完整的骨骼化石中推测出整个动物的大小、形状乃至它们的生活习性。

恐龙蛋是恐龙类产的卵，因具有坚实的外壳，故可保存为化石。恐龙蛋大小不一，小的直径在 3cm 左右，大的直径可达 56cm。恐龙蛋的形态五花八门，卵圆形、扁圆形、椭圆形和橄榄形的都有，少数恐龙蛋长溜溜的。蛋的直径大多在 10~15cm 之间。

作为恐龙遗物化石的恐龙蛋，经过漫长的地球历史变迁，在跨越近亿年的时空后完全“石化”。整个恐龙蛋从里到外全是岩石、矿物质成分。表面由碳酸钙为主的化学成分组成，而内部则为碳酸盐类物质，如方解石、硅酸盐类物质和坡缕石等无机物。

恐龙蛋属羊膜卵。羊膜卵的外面包有一层既坚固又耐干燥的钙质外壳，壳上有许多气孔。

恐龙蛋壳厚 2~7mm。蛋壳的里面含有一个大卵黄，为胚胎提供养料。一个被羊膜包裹的羊膜囊，其中充满了羊水，胚胎沉浸在羊水中，另外还有一个囊是存放排泄物用的。羊膜卵的出现是脊椎动物演化过程中的一个重大飞跃，为它们在陆地上繁殖后代创造了必需的条件。

中国是出产恐龙蛋的大国，无论在蛋的品种上还是在数量上都令世人瞩目。河南南阳，广东南雄、始兴、惠州、河源，江西信丰、赣州，山东莱阳，江苏宜兴，湖北安陆，湖南常德等地都是重要的恐龙蛋产地。

第二节　新化洋溪镇新塘存在大面积恐龙足迹

一般恐龙脚印有单趾型、双趾型、三趾型、四趾型和五趾型。从世界上已发现的恐龙脚印来看，三趾型的最多，约占 70%，一趾、二趾的较少，一般为恐爪龙留下的足迹。

恐龙由蜥臀目和鸟臀目构成。根据恐龙脚印的轮廓及形状还可以区分为鸟脚类、蜥脚类、禽龙类、鸭嘴龙类、剑龙类、角龙类等。

蜥脚类恐龙的脚有些类似大象的脚。蜥脚类的前脚有五个靠在一起的柱形掌骨。蜥脚类的后脚在构造上区别很大，一般有五个脚趾，趾骨比掌骨粗短。后脚的趾骨没有大的退化，所以显得大而突出。在不同种属的蜥脚类中，后脚上爪的数目也有不同。

而常见的鸟脚类足迹包括异样龙足迹、禽龙足迹和鸭嘴龙足迹等。鸟脚类是鸟臀目中最早分化出来的类群，用两足或四足行走，后脚有四趾，第一趾短小，后三趾着地行走，形态近似鸟脚。这类恐龙足迹所包含的禽龙、鸭嘴龙足迹都呈山字形，具有爪迹，可见趾垫。

中国正式公布发现恐龙足迹的只有七个省（自治区），但实际上在河南、四川、云南、辽宁、山东、河北、湖南、陕西、西藏、江苏、内蒙古、广东、浙江等 10 多个省（自治区）都发现了恐龙足迹。2001 年，在甘肃省的永靖县发现了 100 多个清晰可见的恐龙足迹化石。

1999 年在甘肃省刘家峡 2800 平方米的面积上发现了 10 类 172 组 1831 个恐龙足迹，在 1 亿年前的早白垩纪，各种蜥脚类、鸟脚类、兽脚类、鳄类、翼龙类的足迹交杂在一起。

2001 年 2 月 18 日，在辽宁省朝阳县的东城地区落凤坡上发现了许多三趾如鸡爪的恐龙足迹，被命名为猛龙足迹，为新属种，属恐爪龙类。

2012 年 12 月 3 日，在山东省临沂市临沭县发现了近百个恐龙足迹化石，它们分别属于蜥脚类、兽脚类、甲龙类和鸟脚类。专家组在考察中还发现了一组五个世界上罕见的驰龙足迹化石。

2013 年 12 月 31 日，我们在对新化县洋溪镇新塘的足迹化石考察中也发现了数十枚类似蜥脚类、恐爪类、鸟脚类等恐龙足迹化石，其中有极似驰龙类恐龙足迹化石多枚。

下面我们从所拍摄的数十张足迹化石照片中选择十多张清晰可辨的照片做一个简要的介绍。

图 4-1

为两枚一前一后、外形似三角形、内有三爪印痕的足迹化石。经观察：这两枚足印应为鸟脚类足迹。

图 4-2

可见一枚长方形内含两趾印痕的足迹，经观察：应属恐爪类恐龙足迹。

图 4-3

可见长方形内含两趾印痕足迹化石四枚，另见小椭圆形足迹化石三枚。经观察：前者应属恐爪类二趾型足迹，后者应属恐爪类单趾型足迹。

图 4-4

中间可见大型柱状内含三趾印痕足迹一枚。见小椭圆形足迹化石多枚，足迹较混乱，似小肉食性恐龙围攻大植食性恐龙印痕。经观察：中间大型柱状足迹，应属蜥脚类植食性恐龙足迹。后者应属恐爪类单趾型肉食性恐龙足迹。

图 4-5

可见大型三角形足迹化石一枚。经观察：应属蜥脚类植食性恐龙足迹。

图 4-6

可见四方形前凸趾痕足迹化石一枚；另见长方形两趾痕足迹和长圆形足迹各一枚。经观察：前者应属蜥脚类植食性恐龙足迹；后者属恐爪类双趾型和单趾型肉食性恐龙足迹。

图 4-7

下方可见长方形含二趾足迹化石三枚，上方见大三趾足迹化石一枚。经观察：前者应属恐爪类二趾型肉食性恐龙足迹；后者应属鸟脚类足迹。

图 4-8

可见椭圆形恐龙足迹化石二枚。经观察：应属恐爪类单趾型足迹。

图 4-9

可见长方形含二趾印痕大小足迹化石二枚；另见三角形柱状足迹化石二枚和椭圆形足迹化石一枚。经观察：前者应属恐爪类双趾型足迹；后者应属蜥脚类足迹二枚和恐爪类单趾型足迹一枚。

图 4-10

可见后圆前二趾足迹化石一枚。尺寸：宽约14cm，长约20cm。经观察：应属恐爪类二趾型恐龙足迹。

图 4-11

可见长方形后圆前二趾足迹化石二枚，呈井立状，尺寸：长约20cm，宽约10cm。经观察：应属恐爪类驰龙类足迹。

图 4-12

中间可见柱状足迹化石四枚；另见椭圆形足迹化石两枚。经观察：前者应属蜥脚类恐龙足迹，尺寸：宽长各约6cm。后者应属恐爪类单趾型恐龙足迹，尺寸：大者长约12cm，小者长约10cm。

图 4–13

可见后圆前二趾足迹化石二枚，尺寸：宽约 12cm，长约 15cm。经观察：应属恐爪类二趾型恐龙足迹。

图 4–14

可见长方形后圆前二趾足迹化石一枚，尺寸：长约 12cm，宽约 8cm。经观察：应属恐爪类二趾型恐龙足迹。

第三节　新化蛋化石的发现

近年来，在湖南新化资水河的东南岸山脉中，发现了大量蛋化石，它们形态各异，品种繁多，规格不一，新化的奇石爱好者们视为珍宝，拾而藏之。到底这些蛋化石是如何发现的呢?

1. 新修公路，从黄土层中滚出，从山石中碎出。新化各乡镇、村级遍修公路，大面积开山凿石，因而从新化资水河东南岸的几个大山中挖出了大量蛋化石，当地村民和修路者大为惊异。

新化有100多名奇石爱好者，爬山涉水，寻遍了新化的每一条河、每一座山，见到如此珍贵的蛋化石，怎能放过，因而，一传十、十传百，捡这蛋化石的人络绎不绝，拾而藏之。

2. 雨水季节，山体滑坡，一些高山中也滚出了不少蛋化石。奇石爱好者拾而得之，连少数村民也拾而藏之。

3. 新化多溶洞，一般的溶洞中悬挂有各类钟乳石和生有形态各异的石笋、岩溶石。但新化资水河的东岸山区，其山体中出现有蛋化石的山体溶洞中，洞壁悬挂、镶嵌有大量的蛋化石。这些蛋化石极易碰碎，而石壁围岩却十分坚硬。这里的蛋化石不易为奇石爱好者所拾得。

4. 在有蛋化石的山体之石壁上，也镶嵌有大量蛋形石，年深月久，石壁上的蛋化石蛋壳可见剥脱或部分破碎剥离痕迹。

笔者走访寻觅部分东南岸山区后，拍下了部分现场照片：一类为山体石壁上的蛋化石；二类为溶洞中的蛋化石；三类为山体黄土层中的蛋化石。

见图4–15~图4–20。

图 4-15
新化招云寺实拍蛋化石

图 4-16
新化招云寺实拍蛋化石

图 4-17
新化黄岭实拍蛋化石

图 4-18

新化黄岭实拍蛋化石

图 4-19

新化黄岭实拍蛋化石

图 4-20

新化黄岭实拍蛋化石

新化蛋化石的具体分布状况：

1. 新化蛋化石，均分布在资水河东南岸山脉，一般在高山的中上部位置埋藏或外露。大致可以看出：为中生代至白垩纪时期海洋岸线以上外露陆基。

2. 一般于红砂岩中及表层镶嵌或深藏。

3. 大部分蛋化石均埋藏于资水东岸几座高山的中上部黄土层中。

4. 蛋化石在红黄土层中有窝状分布的痕迹，有蛋化石的位置，一处有十枚至几十枚，而空隙处则一枚也找不到，窝距不规则。

新化在中生代白垩纪时期由于地壳运动频繁，蛋化石在窝内排列秩序极不规则，且大量蛋化石受外力作用被挤裂、挤碎或变形。

5. 新化蛋化石在山体中以多层次形态分布。

山体上部的蛋化石没有山体中部的蛋化石石化程度高，呈土黄色。山体中部以下的蛋化石呈灰色，石化程度极高，蛋化石在山体中以多层结构排列，蛋型品种极多，规格不一。

第四节　新化蛋化石的外貌特征

1. 新化蛋化石外观与全国各地出土的蛋化石基本相似，品种多样。

①卵圆形；②扁圆形；③圆形；④椭圆形；⑤扁心形；⑥花生形（双核）；⑦三角形（三核）；⑧飞碟形；⑨大小头形；⑩异形（受外力挤压形成）

在新化北塔以下，地母庵资水河边石面上镶嵌有大量的外圈形蛋化石。

2. 蛋化石的规格，最小直径 2cm，最大直径 40cm。

①扁圆形蛋化石占总量的 60% 左右。规格有大有小，已发现的其中最大的直径为 40cm，最小的直径为 2cm，以直径 10~20cm 居多。

②卵圆形蛋化石、大小头形蛋化石、椭圆形蛋化石占总量的 20% 左右。规格多中型，直径 10~20cm。

③圆形蛋化石、扁心形、花生形、三角形、飞碟形、异形蛋化石为数不多，规格有大有小，小者直径 2cm，中型者直径 10~20cm，大者直径 30cm。

④外圈形蛋化石镶嵌在资水河岸边，涨水时被河水淹没。石中有一圆球，球外围有一厚而凸起之石圈，密密麻麻分布在岸线层积岩石面上，直径在

10~20cm。

3. 蛋化石大多从高山黄土层中出土，色土黄，也有部分灰色者。有的石壁上镶嵌可见或溶洞中镶嵌、悬挂可见，多为灰色，石化程度极高。

见图 4-21~ 图 4-31。

图 4-21

直径 22cm 蛋化石

图 4-22

直径 20cm 蛋化石

图 4-23

蛋化石剖面，直径34cm，发现于新化招云寺

图 4-24

扁圆形蛋化石，直径30cm，发现于新化黄岭

图 4-25

长圆形蛋化石，长径32cm，发现于新化黄岭

图 4-26

圆形蛋化石，直径18cm，发现于新化黄岭

图 4-27

三角形蛋化石，宽28cm，发现于新化招云寺

图 4-28

扁圆形蛋化石，直径32cm，发现于新化黄岭

图 4-29

大小头形蛋化石，长22cm，发现于新化黄岭

图 4-30

龟蛋、介形虫、轮藻类化石，直径 1~3cm，发现于新化黄岭、招云寺

图 4-31

椭圆形蛋化石，长29cm，发现于新化黄岭

第五节　新化蛋化石内部蛋结构剖析

一、新化蛋化石的蛋结构

新化的蛋化石绝大多数具有未孵化出壳蛋化石之特征。

新化蛋化石的蛋结构十分明显。从破损蛋化石观察，可见蛋核（蛋黄）、蛋幔（蛋清）、蛋壳等蛋结构。见图 4–32。

图 4–32

水冲蛋化石剖面，直径 16cm，发现于新化招云寺

1. 蛋壳：厚度在 1~6mm 之间，主要由碳酸盐类物质构成，极易破损剥离。

2. 蛋幔：由碳酸盐类物质、硅酸盐类物质及坡缕石黏土等多种物质构成。极易碰碎，呈方解石解理裂口。

部分大中型蛋化石内部存在空间结构，空间内由白粉状物质充填，与羊膜囊中的羊水空间相吻合（白粉人工扒出即见空洞）。见图 4–33~ 图 4–38。

图 4–33

含白粉蛋化石剖面，直径 16cm，发现于新化招云寺

图 4-34

含白粉蛋化石剖面，发现于新化招云寺

图 4-35

扒出白粉后的空洞形蛋化石剖面，直径 23cm，发现于新化招云寺

图 4-36

扒出白粉后的空洞形蛋化石剖面，直径 24cm，发现于新化招云寺

图 4-37

扒出白粉后的空洞形蛋化石剖面，直径 20cm，发现于新化黄岭

图 4-38

扒出白粉后的空洞形蛋化石剖面，直径 20cm，发现于新化黄岭

3. 蛋核：已发现的蛋核有如下多种形状：

A 型：蛋核呈长圆形，蛋核两端呈凹穴，穴内又生出一凸豆。

B 型：蛋核呈圆形，蛋核周围带黑点颗粒物。

C 型：蛋核呈小鼓形，极似荸荠，两端有一扁凸豆。

D 型：蛋核呈圆形，无点无穴无豆。

E 型：蛋核呈香菇形，脚粗而短。

F 型：蛋核呈圆形，一端有一凹穴，穴内生出一凸豆。

G 型：为孵化蛋蛋核，蛋核明显扩大呈充气状，多隙孔。

见图 4-39~ 图 4-45。

图 4-39

A 型：蛋核呈长圆形，蛋核两端呈凹穴，穴内又生出一凸豆，直径 3~3.5cm

图 4-40

C 型：蛋核呈小鼓形，极似荸荠，两端有一扁凸豆，直径 3~4cm

图 4-41

D 型：蛋核呈圆形，无点无穴无豆，直径 3~4cm

图 4-42

B 型：蛋核呈圆形，蛋核周围带黑点颗粒物，直径 3~3.5cm

图 4-43

E 型：蛋核呈香菇形，脚粗而短，直径 2.5~3.5cm

图 4-44

G 型：为孵化蛋蛋核，蛋核明显扩大呈充气状，多隙孔，直径 4~6cm

图 4-45

F 型蛋核呈圆形，一端有一凹穴，穴内生出一凸豆，直径 2.5~3.5cm

二、新化蛋化石剖面结构纹理

新化蛋化石剖面结构纹理呈多类型多种群古生物蛋结构特征。

我们从 24 枚黄土层中出土的半边蛋蛋化石的剖面结构纹理中可以看出，新化的蛋化石乃由多品种的古生物群体中产出：

1. O 形剖面：可见明显的 O 形蛋核，蛋幔一层型，内含一直径 1cm 的精子，蛋壳非常明显。见图 4-46~ 图 4-47。

图 4-46

O 形剖面

图 4-47

O 形剖面

2 U 形剖面：U 形蛋剖面内部结构存在 U 形结构纹理，可见精虫向内部移动形状。见图 4-48~ 图 4-49。

图 4-48
U 形剖面

图 4-49
U 形剖面

另照片中 U 形剖面扩大，内部显现两眼型结构纹理。见图 4-50~ 图 4-51。

图 4-50
U 形剖面扩大

图 4-51
U 形剖面

3. 回形剖面。

①照片中剖面结构纹理为一鲜明的“回”字。见图 4-52

图 4-52
回形剖面

②照片中剖面结构纹理“回”字中的“口”字为一闭合的黑点。见图 4-53~ 图 4-54。

图 4-53
回形剖面

图 4-54

回形剖面

③照片中剖面结构纹理“回”字外圈逐步向边沿扩散。见图 4-55~ 图 4-56。

图 4-55

回形剖面

图 4-56

回形剖面

④照片中剖面结构纹理“回”字外圈淡化。见图 4–57。

图 4–57

回形剖面

⑤照片中剖面结构纹理“回”字图案较小，羊膜囊结构在蛋幔部位较为清晰。见图 4–58~ 图 4–59。

图 4–58

回形剖面，上部见羊膜囊结构

图 4–59

回形剖面，上部见羊膜囊结构

4. Q形剖面：照片中剖面结构纹理可见Q形图案，可以认定为另一种群古生物所产之蛋化石。见图 4-60~ 图 4-61。

图 4-60
Q形剖面

图 4-61
Q形剖面

5. 眼形剖面。

①照片中剖面结构纹理可见明显的双眼图案。见图 4-62~ 图 4-63。

图 4-62
眼形剖面

图 4-63
眼形剖面

②照片中剖面结构纹理、双眼图案变形，外圈为较规范的椭圆形，与上述种群也许有所不同。见图 4-64~ 图 4-65。

图 4-64
眼形剖面

图 4-65
眼形剖面

6. “8”字形剖面。

①照片中剖面结构纹理为隶书样“8”字形图案。见图 4–66~ 图 4–67。

图 4–66

“8”字形剖面

②照片中的剖面结构纹理为中间未封口的“8”字形图案。见图 4–67。

图 4–67

“8”字形剖面

③照片中剖面结构纹理为两核相连的图案，为带黑点蛋核种群古生物所产之蛋化石。见图 4–68。

图 4–68

带黑点双蛋核剖面

7. 孵化形剖面：照片中剖面结构纹理图案为明显的孵化蛋结构纹理图案。见图 4-69。

图 4-69

孵化形蛋化石剖面

综上所述，我们可以分析出新化蛋化石种属有数种之多，最少不下于七种。

第六节　新化蛋化石与其他蛋化石的外部特征的比较

新化蛋化石（圆形和扁圆形蛋化石）的外貌特征，与湖南省地质博物馆藏的 4 枚常德出土之恐龙蛋化石相同，不论外观、颜色、结构特点都很一致。

这 4 枚常德出土之恐龙蛋化石经中国古脊椎动物研究所鉴定认定，外观扁圆形，中型蛋，直径在 10~20cm，砖红色，为红黄壤地层中出土（未附照片）。

新化出土之蛋化石 60% 以上为扁圆形和圆形，多中型蛋，直径在 10~20cm，大型蛋直径 20~40cm 者较少。都出土于白垩系红黄壤地层。

见图 4-70~ 图 4-71。

图 4-70

不同规格的新化蛋化石，直径 12~14cm

图 4-71

窝状新化蛋化石一角，直径 16cm

《湖南古生物图册》第 184 页图版 308 中收录常德市岩码头出土之“湖南丛状蛋”，“蛋化石大，扁圆形，长径 167~168mm，横径 140~150mm，小横径 104mm”。出产于上白垩统岩码头组，与新化蛋化石黑白照类同。

见图 4-72~ 图 4-74。

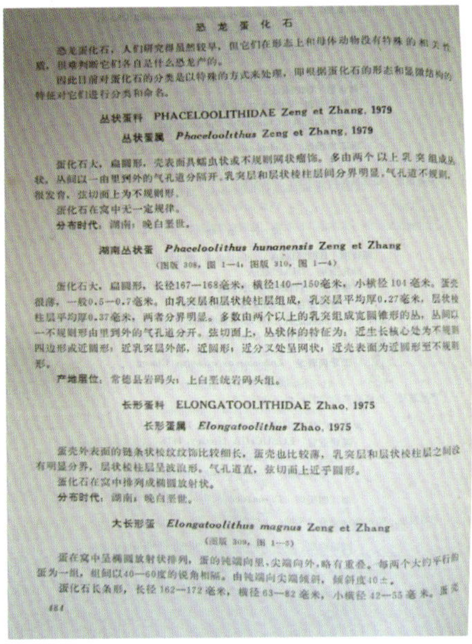

恐 龙 蛋 化 石

恐龙蛋化石，人们研究得虽然较早，但它们在形态上和母体动物没有特殊的相关性质，很难判断它们各自是什么恐龙产的。

因此目前对蛋化石的分类是以特殊的方式来处理，即根据蛋化石的形态和显微结构的特征对它们进行分类和命名。

丛状蛋科 PHACELOOLITHIDAE Zeng et Zhang, 1979

丛状蛋属 *Phaceloolithus* Zeng et Zhang, 1979

蛋化石大，扁圆形，壳表面具蠕虫状或不规则网状瘤饰。多由两个以上乳突组成丛状，丛间以一由里到外的气孔道分隔开。乳突层和层状棱柱层间分界明显，气孔道不规则，很发育，弦切面上为不规则形。

蛋化石在窝中无一定规律。

分布时代：湖南；晚白垩世。

湖南丛状蛋 *Phaceloolithus hunanensis* Zeng et Zhang

（图版 308，图 1—4，图版 310，图 1—4）

蛋化石大，扁圆形，长径167—168毫米，横径140—150毫米，小横径 104 毫米。蛋壳很薄，一般0.5—0.7毫米。由乳突层和层状棱柱层组成，乳突层平均厚0.27毫米，层状棱柱层平均厚0.37毫米，两者分界明显。多数由两个以上的乳突组成宽圆锥形的丛，丛间以一不规则形由里到外的气孔道分开。弦切面上，丛状体的特征为：近生长核心处为不规则四边形或近圆形；近乳突层外部，近圆形；近分叉处呈网状；近壳表面为近圆形至不规则形。

产地层位：常德县岩码头；上白垩统岩码头组。

长形蛋科 ELONGATOOLITHIDAE Zhao, 1975

长形蛋属 *Elongatoolithus* Zhao, 1975

蛋壳外表面的链条状棱纹纹饰比较细长，蛋壳也比较薄，乳突层和层状棱柱层之间没有明显分界，层状棱柱层呈波浪形。气孔道直，弦切面上近乎圆形。

蛋化石在窝中排列成椭圆放射状。

分布时代：湖南；晚白垩世。

大长形蛋 *Elongatoolithus magnus* Zeng et Zhang

（图版 309，图 1—3）

蛋在窝中呈椭圆放射状排列，蛋的钝端向里，尖端向外，略有重叠。每两个大的平行的蛋为一组，组间以40—60度的锐角相隔。由钝端向尖端倾斜，倾斜度10±。

蛋化石长条形，长径 162—172 毫米，横径 63—82 毫米，小横径 42—55 毫米。蛋壳

484

图 4-72（左）

常德恐龙蛋化石照片

图 4-73（右）

文字资料照片

图 4-74

新化蛋化石照片

新化蛋化石与辽宁昌图发现的恐龙蛋化石类同。

1921 年，日本人修建“南满铁路”时，在辽宁省昌图地区的泉头和双庙子之间上白垩统泉头组发现了一枚圆形的蛋化石。1928 年设在大连的“南满铁路公司”属下的“地质研究所”的学者在泉头火车站西南 1km 处又发现了几枚同样大小的圆形蛋化石（这些标本现存于大连自然博物馆）（图 4–75）。

图 4–75

辽宁昌图恐龙蛋化石

新化蛋化石与广东河源出土的恐龙蛋化石类同。

见张和主编的《中国古生物化石》第 186 页图（图 4–76）。

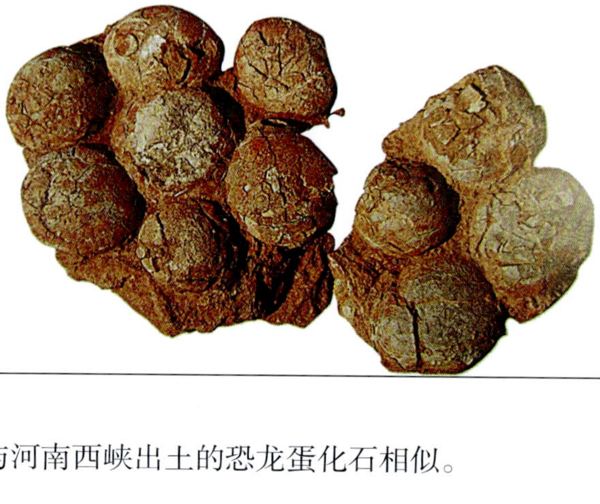

图 4–76

广东河源恐龙蛋化石

新化蛋化石与河南西峡出土的恐龙蛋化石相似。

见张和主编的《中国古生物化石》第 184 页上图（图 4–77）。

图 4-77
河南西峡恐龙蛋化石

新化出土的蛋化石还有突出的内部特征：

新化出土的蛋化石，经近亿年的地质变迁、造山运动、地质灾难的磨炼，有部分外壳破损，展露出了其内部结构。

经笔者考证，发现有如下几个特点，是我国乃至世界各地所出土的蛋化石中所未曾见的：

1. 发现有七种以上不同类型或种类的蛋核化石。

2. 蛋化石一破两半后，内部结构纹理图案超过 20 种。

3. 有的蛋化石破开后，可见清晰的内部羊水空间结构（为白粉状物质填充结构，扒出白粉即出现羊膜囊空间）。

4. 有的蛋化石滚入河中，经河水长期冲刷磨砺，形成了极有价值、图形美妙的观赏石（象形石）。

第七节　新化蛋化石与石核的根本区别

我们应该清楚地认识到，蛋化石决不能与石核混为一谈。

岩层中的石核一般比围岩坚硬，因为它是金属元素或硅元素等渗入石灰岩中形成的结核，其硬度必然超过围岩。而蛋化石则完全相反，围岩的硬度通常都比蛋化石高，蛋化石十分脆，一碰即碎。

海滩泥团形成的石核，虽可形成多层结构，但并不能形成如蛋化石品种繁多的蛋核结构。

海滩泥团形成的石核，可以形成层理结构纹理，但它并不能形成蛋化石中因生物种群不同而产生的内部结构纹理复杂多变的生物纹理图案。

新化的蛋化石具有典型的蛋结构：蛋壳、蛋幔、蛋核。可见蛋生物变化痕迹特征。可见羊膜卵、羊膜囊在蛋化石中的存在，及蛋中空间、白粉状物质填充结构。这种结构在西峡出土的蛋化石中和甘肃出土的蛋化石中都有发现。

新化蛋化石的分布都在资水东南岸高山的中上部，处于中生代地质时期海平面的岸线之上。正符合恐龙等爬行古生物繁殖后代必须的自然条件。

第八节　新化蛋化石的物种分析

新化在距今1.8亿年前至0.7亿年前的地质时期，全部由海洋上升为陆地（正值中生代至白垩纪时期，即侏罗纪中后期至白垩纪晚期），地球上各类爬行动物极其繁盛。蜥蜴类和蛇类自侏罗纪的后期演化出来，一直存留至今。龟鳖类特别是龟，自三叠纪中晚期出现后，至今长盛不衰。鳄鱼与恐龙的亲缘关系最近，它与恐龙同时出现，在中生代鳄鱼归属“二等公民”，但它却是唯一能与恐龙匹敌的动物。喙头蜥是蜥蜴的近亲，三叠纪末期它们的祖先就已活跃在地球上，2亿年来，它们的样子基本上没有多大变化。只有恐龙，统治地球达1.6亿年之久，至白垩纪末全部灭绝，留给人类一个不解之谜。

新化因频繁的地质灾害，导致了包括恐龙在内的各类古生物遭受了一次次巨大的灾难，遇害的古生物被埋于各地质时期的地层里，变成化石，才留给了我们今天认识的机会。

蛋化石的物种分类是一件极其困难的事情，尤其是将恐龙蛋与何种类恐龙对上号更是难上加难。世界上到目前为止还没有准确将蛋与恐龙对上号的方法和标准。

新化发现的蛋化石，最大的直径40余cm，最小的直径2cm，最常见的直径10~20cm。

1. 恐龙蛋：世界上已发现的恐龙蛋，直径在2~56cm。恐龙大的达数十米长，小的只有10cm长。根据恐龙的体型分析，新化的蛋化石大部分应归属于恐龙蛋。且种属繁多。

2. 龟类蛋、鳖类蛋：根据中生代至白垩纪晚期的龟鳖类体型远不及恐龙的体形大，因而龟鳖类的蛋化石规格，最大直径不超过 20cm。

笔者所采集到的蛋化石中，有一枚破损蛋化石内部已孵化成一只小龟。见图 4-78~ 图 4-79。

图 4-78

含龟胚胎蛋化石

图 4-79

含龟胚胎蛋化石

3. 蛇类蛋：根据其体形大小，其所产蛋的规格直径不会超过 10cm。

4. 鳄鱼蛋：根据其体形大小，其所产蛋的规格直径应在 15cm 以内。

2008 年 8 月，《北方文物》曾有学者赴新化拍摄了数枚新化蛋化石的照片，曾认定为“沧龙类蛋化石”，因未带去标本，未能作出鉴定结论（见图 4-80~ 图 4-82）。

图 4-80

翻拍新化蛋化石图片

图 4-81

翻拍新化蛋化石图片

图 4-82

翻拍新化蛋化石图片

新化北塔资水河下游发现有大量外圈形蛋化石。根据蛋形，应为产于水中的蛋形成的化石，且其蛋壳应为软壳体；因某种自然灾害造成了它无法孵化，又受水体压力作用，蛋内水分逐步挥发，固体部分蛋白固化成外圈，蛋黄固化成内核。

由此可以推测为蛇颈龙、鱼龙类等水中古生物所产出之蛋（见图 4-83~ 图 4-84）。

图 4-83

外圈形蛋化石

图 4-84

外圈形蛋化石

新化所发现的破损蛋化石中，有骨质玉化者（见图 4-85~4-86）。

图 4-85

蛋化石中骨质玉化者

图 4-86

蛋化石中骨质玉化者

第五章
新化蛋化石的价值

第一节　新化的地理位置、历史沿革、人文景观

一、新化的地理位置

新化县位于湖南省中部偏西，娄底地区西部，在雪峰山东南麓，跨资水中游两岸。地理坐标：北纬27°31'~28°14'，东经110°45'~111°41'。东北至东南与涟源、冷水江市（原属新化管辖）交界，西南与新邵、隆回县为邻，西北与溆浦县接壤，北与安化县毗连。

新化县版图大致为平行四边形，东南平行于西北，西南平行于东北。南北最长直线69km，东西最宽直线83km，总面积3567km^2。新化县总面积占全省面积的1.69%，占娄底市面积的43.9%。

二、新化的历史沿革

明洪武十四年（1381年），新化有太阳、永宁、石马三都，境域面积5100km^2。民国初，新化面积757.3亩（合5048km^2），至20世纪40年代末未变更。1969年10月设冷水江市，以冷水江矿山和中连、毛易、梓龙、渣渡、禾青、潘桥、金竹山九个人民公社，面积283km^2。1975年将矿山、铎山、三尖、岩口四个人民公社（面积170km^2）划归冷水江市。至此，新化县境域方为3567km^2。

县志载：新化地，隋末潭州，唐入邵州，五代时为蛮獠所据。宋初未置县，地属邵阳及“梅山蛮”。元属湖广行省宝庆路。明属湖广布政使司宝庆府，清属湖南省辰宝道宝庆府。民国十一年属湖南省。1949年10月5日解放，21日成立新化县人民政府，属邵阳专区。1982年始属娄底地区，今属娄底市。

三、新化的人文景观

新化县古称梅山。在这里，有世界级溶洞极品——梅山龙宫，有国家重点风景名胜区——紫鹊界，有国家级著名的森林公园——北部大熊山区。新化县内群山逶迤。九龙峰海拔1662m，属湘中最高峰，与海拔1602m的瞭望台遥相呼应。40多座海拔在1000m以上的山峰组成宏大的龙脉，横亘湘中，连绵百里，蔚为壮观。座座山峰云遮雾绕，景象万千。这里有鲜为人知的“蚩尤故里”，

是后世春秋之“荆蛮”，隋唐之“苗瑶”，五代之“梅山蛮”，今世苗、瑶民族的摇篮和发祥地。这里有丰富的自然资源，有文人墨客们难以描绘的奇特景观，有蕴含着浩瀚神话典故的人文古迹。

新化是一个地质结构复杂多变的古老县域，多丘陵地貌；资水穿过新化全境，内有多条小河水系贯穿各乡镇区域。按 1:20 区域地质调查不足以详细了解新化具体出露的地质地层。

新化又是一个古生物化石分布广泛、化石品种繁多且保存较完整的县域。新化有较多的地层标志化石和珍稀化石品种，如海胆苹果球化石、古脊椎动物骨化石、虫化石；尤其是蛋化石、外圈形蛋化石、恐龙足迹化石。这其中不乏新发现的新品种。

新化还有多处珍贵的古生物化石基地，有蛋化石分布极多的黄岭，以及景观美妙、蛋化石密布的溶洞；有蛋化石埋藏丰富的招云古寺；有经河水冲刷成千奇百怪、形象美妙绝伦的象形蛋化石；有地母庵资水河边外圈形蛋化石基地。

新化黄岭、娘家、上渡、上梅镇有大量蛋化石和外圈形蛋化石，新化洋溪镇新塘低山丘陵区有大面积恐龙足迹化石群。如果我们将各化石点和足迹化石群联系起来建两至三个旅游景点，再在旅游区建一个古生物化石博物馆，这既能提高地域品位，又是有益于子孙后代的伟大事业。

第二节　新化蛋化石的价值和意义

一、新化蛋化石具有极高的科研价值

（一）为古地球板块运动理论提供了依据

恐龙研究是集古脊椎动物学、古生物与地层学、古生物分类学、动物形态学、病理学、现代生物学、地理学、植物学、环境考古学、地球化学等多学科于一体的综合性科学。

首先，它可作为陆相地层的对比标志，也为古地球的板块运动提供了依据。

1986 年于南极洲发现了甲龙类化石。2004 年又于南极洲发现了距今 7000 万年的肉食性恐龙化石。这些恐龙化石在南美大陆和澳洲大陆也被发现，这就有力证明了南极大陆与现今的南美大陆和澳洲大陆是相连的。

地理地质学家们根据相同生物化石在不同大陆板块中的存在，推论出古地球陆地为泛大陆，随着不同时期的地质构造运动而产生了大陆板块的分离，因而产生了“大陆漂移学”理论。

因此，恐龙及其蛋化石在不同大陆板块上的存在，成了地球板块运动的有力证据。

（二）对新化的古地质、古地理、古气候具有极高的科研价值

新化县古生物化石分布广泛，种群丰富，从寒武纪开始，经奥陶纪、志留纪、泥盆纪、石炭纪、二叠纪、三叠纪、侏罗纪、白垩纪、古近纪、新近纪、第四纪，各地层都有出露，且各地层中的化石分布全面。新化蛋化石对新化县古地质、古地理、古气候的研究及其对新化县现代地质、地理、气候的影响，都具有积极的意义。

据新化县相关文史资料记载：新化在距今6亿年的晚元古代，雪峰运动以后，已由海洋上升为陆地。当时气候特别寒冷，地面覆盖着广大的冰川，沉积着数百米厚的冰碛层。但这一时期却是寒武纪生命大爆发时期。

据相关地质资料记载：根据新化县出露岩层及古生物化石考察，县内地层形成年代长，西部、中东部两边处于不同的地质发育年代。

西部中山地区，具有雪峰“古陆”地层的发育历史，约从距今17亿年的元古界中期开始，地处雪峰主脉的双林、长峰、古台山一带地台区为浅海环境，沉积以长石、石英碎屑为主的沉积物（板溪群马底驿组）。在文田的将军寨至大田、云溪一带，沉积有长石碎屑物质和沙泥质类沉积物（板溪群五强溪组），这些地区出露有变质砂岩（长石石英砂岩、石英砂岩、长石砂岩）、变质板岩（砂质板岩、粉砂质板岩、砂质娟云母板岩、钙质板岩等）及硅质岩类，其岩石的地球化学特征之一是磷、钾等矿物成分含量较丰富，下古生界的寒武、奥陶、志留纪时期，从南部四都、苍溪、五溪经西部的云溪、大石、太平至西北部的荣华、大熊山一带，沉积以沙质为主的物质，出露砂岩、变质砂岩、粉砂质页岩、板状页岩等岩类。志留纪末期，强烈的加里东褶皱运动，使原始的雪峰“右陆”屹立，也使以前形成的地层遭受较强的褶皱运动及轻度变质，使这些地区形成褶皱严重的岩层。

中部丘陵低山区及东部中低山区，为上古生界以来发育形成的地层，包括中泥盆统跳马涧组的石英砂岩、砂质页岩、砂砾岩，分布荣华到白溪、山溪等地；棋梓桥组的厚层状灰岩、层状泥灰岩（页岩），分布桥头、圳上等地；上泥盆

统余田桥组的黄色页岩、厚层块状灰岩，灰白色石英砂岩夹砂质页岩，分布横岩、科头、维山、琅塘等地；锡矿山组的厚层状灰岩、沙岩，分布白沙、太阳、维山坪溪等地；下石炭统孟公坳 7 组的灰岩、泥灰岩、砂岩、页岩，分布邓家、枫林、乌石的部分煤田等；石橙子组的厚层灰岩、夹泥灰岩或页岩、石英砂岩、分布栗山、青实等公社；测水组的石英砂岩、砂质页岩夹无烟煤，分布坪溪、鹧鸪、天龙山等地；坪溪煤矿、温塘煤矿、天龙山煤矿均系测水煤系；梓门桥组的厚层状灰岩、泥灰岩，分布小洋、栗山等地；中石炭统黄龙群组的浅白色厚层状白云岩夹白云质灰岩，分布天龙山、石新及娘家等地；上石炭统船山组的灰岩夹白云岩，分布潮水、坪溪等地；下二叠统栖霞组的厚层状灰岩夹燧石团块，分布温塘建中电站、茶溪等地；茅口组的灰岩、火山燧石条带灰岩，分布双梓、温塘、上渡等地；当冲组的灰岩，分布鹧鸪等地；上二叠统龙潭组的砂页岩、页岩夹烟煤，分布马鞍山、晏家、鹧鸪等地；马鞍山烟煤为二叠系龙潭组煤层；长青组的砂页岩，分布马鞍山、南部等地。

中部丘陵地区，还有上白垩统红色砂岩夹砂砾岩，分布娘家（招云寺）、上渡（青峰河）、城关镇、燎原、汝溪、白塘、洋溪一带，并延至黄岭、水江戴家岭等地。

在洋溪、炉观、横阳、琅塘一线及资江沿岩一、二级阶地上，还有第四系更新统、全新统冰河沉积（洪积）物——第四系红土母质出露。

下面为各地所处不同地质年代的部分古生物化石分布：

1. 上泥盆统三叶虫化石、腕足动物化石。

见于东岭、横阳、炉观、青山等乡镇（图 5-1、图 5-2）。

图 5-1

上泥盆统三叶虫化石，发现于新化东岭

图 5-2

上泥盆统腕足动物化石，发现于新化青山、东岭等地

2. 下石炭统珊瑚化石。

见于横阳、温塘、炉观、青山、游家东岭、冷水江锑都等地（图 5-3）。

图 5-3

下石炭统珊瑚化石，发现于横阳、青山、东岭等地

3. 上白垩统树化石。

见于青山、炉观河床中（图 5-4）。

图 5-4

上白垩统树化石，发现于青山、炉观

4. 上白垩统蛋化石。

见于娘家招云寺、黄岭、上渡青峰河、水江戴家岭（见图 5–5）。

图 5–5

上白垩统蛋化石，发现于新化黄岭、招云寺等地

5. 第四纪脊椎动物化石（犀牛臼齿、东方剑象门齿、象牙、野牛剑齿、角、鹿角）。见于洋溪、游家及鹧鸪溪流中（见图 5–6~ 图 5–7）。

图 5–6

第四纪脊椎动物牙化石，发现于洋溪、游家、横阳等地

图 5–7

第四纪鹿角化石，发现于新化鹧鸪

新化受古地理、古气候的影响较大，由于不断的造山运动，至第四纪冰河期之后，新化已形成复杂多变的山区丘陵地貌。气候也随纵横交错的山地河谷而变得复杂多变。

新化县属中亚热带季风气候，主要特点是高温高湿。春季和夏初冷暖气流交错出现，天气多变，阴湿多雨；盛夏初秋，为晴热少雨干旱天气；深秋北方冷空气南侵，常受到秋雨和寒露风的影响；冬季北方大陆冷气团南下，干燥寒冷。由于县内山脉纵横交错，地形复杂，具有明显的山地气候特征——垂直差异明显。

新化县气候对岩石土壤的影响也非常明显。首先表现为对母岩母质的物理风化作用明显。如温度的年变化、日变化幅度大，对母岩母质有强烈的物理风化作用，加速了岩石的剥蚀、崩解风化作用的进行，使之产生较厚的风化土层。

（三）对蛋化石本身的科学研究具有极高的价值

新化蛋化石藏量较大，品种繁多，又是新发现的新品种，对我国古脊椎动物（下蛋古生物）的科学研究和蛋化石本身的科学研究，都具有很高的价值。

1. 新化蛋化石为我国乃至世界至今为止所发现的新物种，有如下特点：

①新化蛋化石的外观与我国多地出土的恐龙蛋化石相同。

②新化蛋化石的内部结构复杂多变，为我国乃至世界前所未见。

③新化蛋化石中发现不同品种蛋核化石达七种之多。

④新化蛋化石中破成两半后可见20余种不同内部结构纹理图案。

⑤新化蛋化石蛋结构清析可辨：蛋壳、蛋幔（蛋清）、蛋核（蛋黄）。

⑥部分新化破损蛋化石中可见羊膜卵、羊膜囊及白粉填充空间结构。

⑦新化蛋化石中已发现直径最大的为40cm，直径最小的为3cm。

⑧新化蛋化石中发现龟胚胎。

⑨新化破损蛋化石中发现有骨质玉化者。

2. 人类发现恐龙蛋化石和对它进行科学研究的历史并不太长。

早在恐龙被命名不久的19世纪50年代，就已有恐龙蛋化石发现。1859年，在法国南部发现了恐龙蛋残片。1869年，又在法国发现了近乎完整的恐龙蛋化石。19世纪80年代对法国发现的恐龙蛋化石进行了开创性的研究，并将这些标本同现生的龟鳖类、鳄类、壁虎类和鸟类的蛋壳结构进行了对比研究。

这次的重大发现激发了针对恐龙蛋化石更加广泛的发掘和研究。此后，中国、蒙古、法国、印度、美国、巴西、英国、罗马尼亚、意大利、加拿大、阿根廷、乌拉圭、秘鲁、澳大利亚、西班牙等国都相继发现了恐龙蛋化石。这些发现揭开了恐龙蛋科学研究的序幕。

中国恐龙蛋化石的发现与研究始于20世纪20年代。美国“中亚科考团”在中国内蒙古二连地区发现了恐龙蛋化石。1921年日本人修建“南满铁路”时，在辽宁昌图地区泉头和双庙子之间的上白垩统泉头组发现了一枚圆形蛋化石。1928年由设在大连的“南满铁路公司”下属的“地质研究所”的学者在泉头火车站西南1km处又发现了几枚同样大小的圆形蛋化石（这些标本现存于大连自然博物馆）。日本学者于1929年研究认为这些蛋化石的形态同龟鳖类蛋很相似，因而推测为龟鳖类蛋。直到1954年才被确认为是恐龙蛋。

1950年，山东大学地质系师生在山东省实习时，在金刚口发现了一些恐龙化石和恐龙蛋化石，经“中国脊椎动物学之父”的杨钟健进一步调查、考证和系统地研究，将其命名为短圆形蛋和长形蛋。

此后，我国地质古生物学家在南方红层、西北地区等多省份之白垩纪地层中发现了数量巨大、种类繁多、分布广泛的恐龙蛋化石。这一时期，杨钟健根据他所提出的分类方法又命名了粗皮蛋、南雄蛋等。

20世纪70年代，中科院古脊椎动物研究所的赵资奎和蒋元凯在杨钟健的指导下，对山东莱阳、广东南雄、江西赣州等地的恐龙蛋化石蛋壳显微结构研究，将名为短圆形蛋的蛋化石进一步划分为五种类型：将军顶圆形蛋、厚皮圆形蛋、二连圆形蛋、金刚口圆形蛋、薄皮圆形蛋。

赵资奎提出了根据恐龙蛋的形状、大小、长短径、蛋壳的表面纹理、蛋壳的微观特征、蛋壳横切面和纵切面的结构特征、气孔特征、壳单元的特征等作为鉴定标准的分类方法，初步建立了恐龙蛋化石的分类与命名系统。

1999年在西班牙召开的首届国际研讨会之后，才确定了赵资奎提出的恐龙蛋化石分类与命名系统，并得到推广。

综上所述，尽管在恐龙蛋化石的科学研究上取得了一定的成效，但还有众多的难题未能解开。

3. 恐龙下蛋对地势的选择是有一定的规律的。

中生代时期，恐龙生活在热带浅海的海滨地貌区。因为当时在沼泽和低地上生长有硕大的蕨类植物，为植食恐龙提供了充足的食物，多种类恐龙得以在这片土地上繁衍生息，进行产卵、孵化。

因为恐龙乃至各类古生物爬行动物的卵都是靠阳光和自然温度孵化，因此它们必须选择有水、向阳、地势较高的沙地产卵。根据我国河南西峡、广东南雄等密集产卵区分析，恐龙在选好向阳的地面掘坑下蛋，分层埋土，一般可埋二至三层，多的达四层以上。其发现的产出时代都属于白垩纪，出产位置大都分布在每座山的东面和南面山坡高地上，海拔 200~300m，向阳，温度良好。

但实际上，在白垩纪晚期，有大量恐龙蛋可能因为受精不正常、或某种疾病、受气候变化的影响、孵化温度或高或低、火山喷发，造山运动、山洪、泥石流等的影响，使其不能孵化，而石化成了如今的蛋化石。

新化蛋化石的产蛋区，其地理环境与上述完全相同。在这里，恐龙乃至 各类古生物爬行动物都选择向东向南的山坡、海拔 200~300m 的高地产卵，如娘家招云寺、黄岭、水江戴家岭，都是如此。

恐龙蛋的产出特征：

①恐龙蛋化石因恐龙的科、属、种不同，形态各异，大小不等。

②含恐龙蛋化石产出地层岩性绝大多数都为“红层”（红黄壤）碎屑岩。

③恐龙蛋化石多为就地埋藏。少量因特殊原因有移动现象。

④恐龙蛋化石为自然阳光孵化。

4. 各地区发现恐龙蛋化石的产地主要分布于白垩统 K_2 地层。

恐龙蛋化石属于中生代爬行动物恐龙的遗物化石，中国、蒙古、美国、加拿大、法国、巴西、秘鲁、坦桑尼亚、俄罗斯、阿根廷等国都有产出。

中国的恐龙蛋化石分布极广，埋藏数量丰富，种类繁多。无论是在数量上和质量上，都居于世界首位。据统计，我国已在河南、广东、江西、湖北、吉林、湖南等 14 个省市有恐龙蛋化石发现，近年来发现地还在不断增加。

到目前为止，我国发现恐龙蛋化石的产地主要分布在上白垩统 K_2 地层。广东地区主要分布在上白垩统 K_3 地层，南雄盆地分布于 K_{2n} 地层，广州的白鹤洞组分布于 K_{2b} 地层，河源盆地分布于 K_{2d} 地层，吉林的公安岭盆地分布于下白垩统 K_1a_1 地层，河南主要分布于上白垩统 K_2 地层，西峡盆地分布于 K_2g 地层等等。尚未发现于侏罗纪有产出。

新化蛋化石产地主要分布于上白垩统（K_2）地层，如娘家招云寺、黄岭、水江戴家岭。该地区均为“红层”（红黄壤）。

5. 含蛋化石的白垩系地层多见孢粉、介形虫、轮藻及双壳类化石及龟鳖类蛋化石。

河南汝阳“巨型蜥脚类恐龙动物群”，代表了我国早白垩世晚期至晚白垩世早期的恐龙动物群。通过对轮藻、介形虫、孢粉等微体化石伴生组合，地层叠合关系和区域对比等综合分析，更多显示了汝阳盆地赋存恐龙化石的地层时代为早白垩世中晚期特征（见图 5-8）。

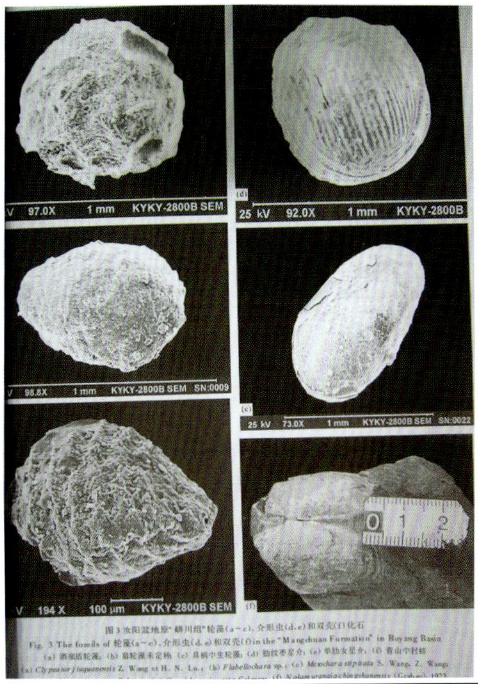

图 5-8

汝阳盆地原“蟒川组”、介形虫和双壳化石

在河南的大多数含蛋化石地层中，发现有数量不等的孢粉、轮藻、介形虫、痕迹化石及罕见的恐龙足迹化石，还见有少量龟鳖类及其蛋化石。个别盆地中存在双壳类及腹足类化石。在西峡见有长柱蛋与泥龟化石共生在同一岩石上，也见有树枝蛋与龟鳖蛋化石共生。由此可见，恐龙产蛋的环境不适宜太干燥地带。与龟鳖卵共生，更说明古爬行动物包括恐龙和龟鳖都喜于在湖泊、河流、海岸等潮润的泥沙地上产卵。

广东南雄盆地与恐龙及其蛋化石伴生的也有龟鳖类、介形虫、叶肢介、轮藻、昆虫等。有的长形蛋化石区还伴有鸟蛋化石。

新化的产蛋化石地层也见有龟鳖类蛋化石，及介形虫、轮藻等化石（图 5-9）。

图 5-9

介形虫、轮藻化石，直径 1~2cm

笔者于新化娘家招云寺及黄岭等“红层”地中捡回的蛋化石，经洗净后置于室内地面摆放，在夏季炎热气候时会散发出强烈的尸臭气味，几经杀虫剂喷杀，才得已将尸臭味消除。

同样，笔者于新化白沙洲上捡回一枚第四纪犀牛臼齿化石，经洗净后用报纸包裹，几天后打开报纸亦散发出强烈的尸臭气味（牙齿化石拾得时为泥团包裹）（图 5-10）。

经分析，应是化石石化后仍有未挥发尽之有机物存在，又有细菌经孔隙进入化石后死亡而发出强烈的尸臭味。

但石核不论在任何环境下都不会散发出尸臭味，笔者所得铁结核、锰结核、硅结核、钙结核等一系列石核石，经洗净后不论放置在任何场合、任何季节，都无尸臭味产生。

6. 蛋化石的内部成分与围岩相似。

河南西峡恐龙蛋化石及围岩取样经 X 射线衍射分析，其蛋内成分与围岩成分和含量非常相似，而壳层成分迥异，壳的主要成分为方解石。因此，蛋化石的形成过程应该为：蛋，经过埋藏，进入围岩物质替代其有机物（有机物分解），最后石化。

新化蛋化石在内部结构上出现了诸多特点，对它的科学研究又提出了更多的要求。是否属恐龙蛋还是其他古生物的蛋，还有待认识和研究。

原有对恐龙蛋内部成分的研究认为：整个恐龙蛋化石从里到外全是岩石、矿物成分。蛋壳以碳酸钙为主要化学成分，而充填内部的则是无机矿物质——多为碳酸钙结晶的方解石。起初，蛋壳表面不断有结晶方解石形成，使蛋腔与外界完全隔绝，形成缺氧环境，蛋腔内原来的有机物的降解过程因缺氧而被中止，从而使从外界渗入到蛋内的镁、铝及硅结合形成了坡缕石，坡缕石进一步结合蛋腔内的水以及吸附蛋腔内的有机分子；钡离子与有机物降解释放出硫化物形成重晶石及钡的有机铬合物。因此成为了化石的恐龙蛋壳里有大量的结晶方解石和极少量的坡缕石黏土。而重晶石和有机结合物则是极其微量的。

我国科学家采用GE9800医疗全身CT扫描机曾对恐龙蛋横断面进行了扫描，可以清楚地区分出蛋壳、蛋白和蛋黄，以及非常清楚地看到原肠期胚盘。

但新化的蛋化石绝大多数为未孵化蛋，且受地质破坏影响，部分蛋化石因破损而内部结构清晰可辨。蛋壳大多部分剥离，蛋清、蛋黄清晰可见。且其羊膜卵、羊膜囊空间结构都一目了然。有的石化程度高之破损蛋化石偶尔可见骨质玉化现象。有个别学者将新化的蛋化石认定为石核，不经科学分析，是会将思维引入歧途的。

由于新化蛋化石内部结构复杂多样，主要是蛋黄多种多样，其母体的物种一定也是品种多样的。

（四）新化蛋化石的未解之谜

民间对古生物化石和蛋化石的科学研究，有许多优越条件，如：①地处化石产出现场；②出露地表的散落化石便于获得；③如今网络信息和科普知识迅速传播。但也有困难之处，如受经济条件和科研手段（科研设施和设备及先进的科研技术）的制约，无法解决蛋化石科学研究中的诸多难题：

图 5-10
尺寸：5cm×4.5cm

1. 新化蛋化石为新发现的品种，民间科研手段是无法确定其生物物种的，更不能确定某类蛋与某物种对应的问题。

2. 新化蛋化石的生物历史演化过程是怎样的，由何种生物体进化而来，都是一大无法解决的难题。

3. 新化蛋化石及其生物物种是否灭绝、何时彻底灭绝也无法论证。

4. 新化蛋化石的蛋壳结构及成分测定还有待科学研究鉴定。

5. 新化蛋化石的内部结构与生物种群有哪些对应联系，有待研究认知。

6. 新化蛋化石的内部成分是否与围岩成分相似，也有待科学论证。

二、新化蛋化石具有极高的经济价值

蛋化石产地与恐龙足迹化石群点，是科研和旅游事业特殊的资源。重点保护，科学开发，合理利用，是旅游兴县的一条意义深远的渠道。

广东河源、河南西峡都建有大型的恐龙蛋化石博物馆。这对于保护恐龙蛋化石资源、便利恐龙蛋化石的科学研究、让更多的人（主要是广大青少年）了解史前珍贵古生物遗存的科学知识具有极高的科学价值和经济价值。

当前，随着人们对远古生物遗骸化石这种不可再生的珍贵遗存物的了解和收藏风日盛，收集、乱采滥挖古生物化石就像一股怪风席卷全球。在河南西峡、湖北、江西赣州等地，当地农民在一些披着“考古专家”外衣的地质人员、化石贩子、地质博物馆人员，甚至在个别古生物学者等鼓动下，先是上山捡蛋，继而采取了沿着地层倾斜纵深方向“顺层采蛋”甚至打竖井后向两边延伸“挖蛋”等方法，疯狂地攫取地下已经埋存了至少6500万年以上的珍贵恐龙蛋化石资源。更有甚者，有人还利用恐龙蛋出土地的岩石制作恐龙蛋模，再粘上破碎恐龙蛋壳片化石冒充恐龙蛋化石出售。

如河南西峡，在恐龙蛋化石未受到保护之前，农民捡到蛋化石拿到市场上去卖，一枚只售5元钱，后来收购的人多了，涨至100元每枚。当国家将蛋化石保护起来后，有化石贩子偷偷收购竟涨价至上万元每枚。在海外有一万美金收购一枚的。窝状蛋化石更是价格高得惊人。

近数十年来乱采滥挖古生物化石现象屡禁不止，倒卖、走私古生物化石行为简直到了触目惊心的地步。“没有买卖，就没有猎杀”，“没有买卖，就没有盗挖滥采”。暗流涌动的化石劫难的推动力是因为存在着化石交易市场。而化石一旦成为商品，价格就起了决定性的作用。倒卖和收藏，成了当时和当前化石流失的两大渠道。

包括比尔·盖茨等工业与商业巨头也对化石收藏表现出极大的兴趣。不少美国大型企业收集珍稀名贵的古生物化石用来装饰自己集团所属的大型写字楼以吸引人们的眼球。

我国科学家对倒买倒卖珍贵恐龙蛋化石的行径一直非常担忧。早在1993年，一些著名的化石研究专家就上书中国科学院地学部，强烈呼吁严管此类行为。

河南省文物局于1993年10月27日下发了《关于确定恐龙蛋化石文物级别等问题的函》，明确恐龙蛋化石为三级以上珍贵文物，严禁盗挖、贩卖、走私出口。2010年，中国国务院更是出台了《古生物化石保护条例》，明确做出“任何单位和个人不得将其收藏的重点保护古生物化石转让、交换、赠与、质押给外国人或者外国组织”的规定，并于2011年11月1日起施行。

新化蛋化石是新品种新发现，其科研价值更突出，经济价值也是无法估量的。保护新化蛋化石，已到了刻不容缓的时候。

科学开发、合理利用蛋化石资源和恐龙足迹化石资源，拓展旅游事业，促进地区经济发展，是古生物化石保护的基本原则。

新化蛋化石基地和恐龙足迹化石群基地，是旅游事业中极为珍贵的特殊旅游资源，是天设地造的人文科学与自然科学高度结合的极为珍稀的景点。

以四川自贡恐龙博物馆为例。自 1972 年在自贡大山发现的一大批恐龙化石为基础原地建馆以来，不仅为自贡带来了科学底蕴，也拉动了整个城市的经济发展。从此，自贡成了中国著名的古生物及文化旅游城市，大批的国内外古生物学者、爱好者及游客，不远千里来到自贡恐龙博物馆参观、考察和学习，自贡恐龙博物馆成功地将科普教育与游乐相结合，让科普深入人心，旅游事业也得到了蓬勃发展。

新化在原有世界级、国家级景观梅山龙宫、紫鹊界、大熊山林场的基础上，应再建数个新化蛋化石基地和景点：招云寺蛋化石基地、黄岭黄龙洞蛋化石基地和洋溪镇新塘低山丘陵区恐龙足迹化石群景点。使人文景观、自然景观与科学景观相连；可在旅游区再建一个地质博物馆（古生物博物馆）。这对拉动地方经济、促进旅游兴县、提升县域品位，无疑具有极高的价值和意义。

三、新化蛋化石具有极高的社会价值

普及科学教育，是国家综合实力与素质提高的具体体现。科学教育通常采用易于理解接受、大众参与的方式，向公众介绍各种科学现象和科学理论，传播科学思想，弘扬科学精神，倡导科学方法，为国家培养具有创造力、想象力、尊重科学的新一代公民。

恐龙及其蛋化石只是古生物中的一个种群。地球上还有更多和更丰富的古生物类群。利用恐龙化石及其蛋化石进行科学教育，是给现代人一个认识远古地球上的生物很好的平台。建立自然博物馆、古生物博物馆、地质公园等，都是直接展示古地球风貌，让参观者能更真实地感受到史前生命的神奇。我国已拥有自然类博物馆超过 400 余家，含有恐龙化石及其蛋化石资源的地质公园超过 15 家。另外还有诸多高校博物馆及恐龙研究中心。

在有古生物资源的地区和城镇，开发和利用其古生物化石资源进行科学普及教育，建设其相应的旅游事业，是其政府和全体公民的责任。

新化有娘家招云寺蛋化石出产点和相邻的小洋黄岭蛋化石出产点等多个蛋化石产出基地，新化洋溪镇新塘低山丘陵区有大面积恐龙足迹化石群，这本身就是一个了不起的地质奇迹。

新化古代生物化石遗存，既是天赐的宝藏，又是集人文、地理、地质、历史文化于一身，极为珍贵、稀有的取之不尽、用之不竭的文化大餐。

新化有世界级溶洞极品——梅山龙宫，有国家重点风景名胜区——紫鹊界秦人梯田，有国家级著名森林公园——大熊山，且大熊山又是蚩尤的故里，苗瑶族的发祥地，再加上小洋黄岭和娘家招云寺蛋化石基地和新化洋溪镇新塘恐龙足迹化石群，真乃是新化旅游兴县的一大绝配。

从县城至梅山龙宫的沿河公路中途必经黄岭蛋化石点，且娘家招云寺也与之毗连。

这一旅游线路的点线搭配，不仅能使旅游经济的腾飞，更是一道人文、地理、历史、文化大餐的珍贵享受。

四、新化蛋化石具有极高的观赏价值

新化蛋化石埋藏于上白垩统地层，经近亿年的自然环境变迁、自然灾害的磨损，很大部分蛋化石受地层泥石挤压，受泥石流等冲刷，或滚入溪流河水中受水流沙砾的磨擦，蛋壳蛋幔遭到破坏，或残损不全，或破成两截或数块，使蛋内结构全部暴露了出来。新化蛋化石内部结构清晰可辨，其蛋核品种多种多样，形态优美。经受外力破损的蛋化石再经泥沙磨砺和受江流的冲洗，更是形态万千，美妙无比，使原有圆形、扁圆形、卵圆形或长圆形的蛋化石露出其意想不到的象形内部结构，比之普通河卵象形石更具一番韵味。

象形石又分为具象石、抽象石、意象石三类。

具象石，顾名思义，形象逼真。具体地讲，它必须具备以下几个条件：①整体形象好，没有累赘之物；②主要部位酷似，如人的头像，物的外貌；③象形之物的图案纹理分布适中，比例合理。具象石较易辨别，却很难找到，尤其是具象石精品，要想寻到难上加难，因而体现出了它的珍贵所在。

抽象石则要求其具有哲理色彩和意境美。好的抽象石看上去意境深不可测，让人回味无穷。抽象石的线条比起具象石来更为简洁、明快，体现出无穷的空间和力度。在抽象石的似与不似之间，鉴赏者便能从中得到启迪，得到艺术美与认识美的纵深哲理间的无限回味。当然，抽象石的鉴赏，需要我们具有一定的石文化基础和较高的艺术欣赏能力、认知能力，必须关注整体思维结构与局部思维结构的相互结合和相互补充。再加以抽象，以得到较高的赏石情趣。

抽象石往往因鉴赏者的年龄、学识、修养、素质、认知能力的不同而有不同的感悟。抽象石即是指经过人的思维抽象后形成的具有较高观赏价值的奇石。

意象石则介于具象石与抽象石之间，这就是人们常说的“像，好像还有点不像”的奇石。意象石是因为它的实质特征像，意即它的部分形态像或总体感觉像，而细究起来又不完全像的次抽象石。意象石发挥鉴赏者的无穷想象力，则具有更为广阔的认知空间和联想空间。当然，由于鉴赏者综合素质不同而对同一块意象石的认知会产生迥然不同的反应和评价。象形石种类极多，分布也极广。

新化的蛋化石、象形石经亿万年的自然磨蚀，山川溪流冲刷，把一个个普通的圆形、扁圆形或椭圆形蛋化石琢磨成一件件艺术精品，不难想象它的珍贵所在。

由一枚双黄蛋或两枚相连蛋化石经撞击、冲刷，破去一截后露出两核（蛋黄）和蛋内相关物质，这种蛋化石有的形如人头，有的形如猫狗，有的形如孙悟空、猪八戒等，不一而足。下面笔者选取其中部分象形蛋化石向读者作一简单的介绍。

1. 人物头像蛋化石。

①长脸（图 5–11）。

图 5–11

②胖子

图 5–12

2. 动物头相蛋化石

①猫王

图 5–13

②狸

图 5–14

③龟头

图 5-15

④猫头鹰

图 5-16

⑤猴王

图 5-17

3. 孙悟空、猪八戒

图 5-18

4. 河马头、鳄鱼头

①河马头

图 5-19

②鳄鱼头

图 5-20

5. 向日葵

图 5-21

6. 聚宝盆

图 5-22

7. 花蕾

图 5-23

上述象形蛋化石乃是天然形成的，其鬼斧神工，未经人工一斧一凿，都是完完全全的天然化石。这种象形蛋化石比之普通河卵象形石要珍贵许多，其资源更是稀缺无比。笔者所藏百余枚蛋化石象形石，是十余年来多方寻觅、采集、收购朋友所爱而成，可谓费尽千辛万苦。

鉴于此，新化蛋化石具有极高的观赏价值，是象形奇石中具有双重价值的珍稀品种：它不仅是宝贵的科学研究资料，也是神奇的观赏奇石品种。

以下为笔者所收藏的百余枚相形蛋化石图片（图 5-19~ 图 5-140）。

图 5-24

拳击手，蛋直径 15cm

图 5-25

台上明珠，宽 40cm

图 5-26（左）

石鼓，直径 16cm

图 5-27（右）

金童，直径 18cm

图 5-28

镜台，直径 28cm

图 5-29

五连星，石长 36cm

图 5-30

三星捧月，宽 28cm

图 5-31

灵猴，宽 35cm

图 5-32（左）

胖子，宽 20cm

图 5-33（右）

三连星，宽 28cm

图 5-34（左）

阔脸，宽 15cm

图 5-35（右）

长脸，高 22cm

图 5-36

螳螂，宽 18cm

图 5-37

猫王，宽 20cm

图 5-38

蟹精，宽 12cm

图 5-39

狸精，宽 15cm

图 5-40（左）

狮王，高 18cm

图 5-41（右）

龟头，宽 12cm

图 5-42

歪嘴猴精，宽 16cm

图 5-43

小猴，宽 17cm

图 5-44

松鼠，宽 12cm

图 5-45

猫，宽 15cm

图 5-46（左）

歪嘴，高 14cm

图 5-47（右）

毛猴，宽 18cm

图 5-48

金丝猴，宽 16cm

图 5-49（左）

顽猴，宽 18cm

图 5-50（右）

鸭王，宽 12cm

图 5-51

宠物犬，宽 15cm

图 5-52

掌中宝，宽 16cm

图 5-53

天外来客，宽 15cm

图 5-54

母河马，长 18cm

图 5-55

公河马，长 20cm

图 5-56（左）

八戒，高 16cm

图 5-57（右）

果子狸，宽 18cm

图 5-58（左）

小宝，高 14cm

图 5-59（右）

唐老鸭，高 15cm

图 5-60

水冲蛋，宽 16cm

图 5-61

海蟹，宽 16cm

图 5-62（左）

太阳公公，宽 15cm

图 5-63（右）

孙悟空，高 15cm

图 5-64（左）

鼠王，长 12cm

图 5-65（右）

女宝，高 14cm

图 5-66

小河马，长 15cm

图 5-67

女阴，宽 10cm

图 5-68

水冲黄蛋，长 16cm

图 5-69

糍粑，宽 14cm

图 5-70

聚宝盘，宽 17cm

图 5-71（左）

素面镜，直径 13cm

图 5-72（右）

圆珠，宽 14cm

图 5-73

梅花镜，直径 12cm

图 5-74（左）

老镜，直径 14cm

图 5-75（右）

玉化蛋，直径 11cm

图 5-76（左）

罗盘，高 13cm

图 5-77（右）

小木屋，宽 12cm

图 5-78

龟胚胎蛋，直径 16cm

图 5-79

篮球，宽 13cm

图 5-80

带筋宝，高 14cm

图 5-81

镜中宝，高 18cm

图 5-82

贻心宝，宽 9cm

图 5-83

双眼皮，宽 16cm

图 5-84（左）

活心宝，高 16cm

图 5-85（右）

宝镜，直径 13cm

图 5-86（左）

龙珠，直径 11cm

图 5-87（右）

镜中宝，直径 15cm

图 5-88

圆珠，直径 16cm

图 5-89

盖子宇，直径 10cm

图 5-90

鹰之眼，直径 15cm

图 5-91

猫头鹰，宽 10cm

图 5-92

猫眼，宽 11cm

图 5-93

鹰眼，直径 16cm

图 5-94（左）

鹦鹉眼，直径 8cm

图 5-95（右）

出头，直径 8cm

图 5–96

看，直径 12cm

图 5–97

黑珠，直径 14cm

图 5–98

孵化蛋，宽 14cm

图 5-99

多圈眼，直径 11cm

图 5-100

历眼，直径 15cm

图 5-101

多圈蛋，直径 8cm

图 5-102

露脸，直径 14cm

图 5-103

白眼，直径 16cm

图 5-104（左）

网中宝，直径 17cm

图 5-105（右）

剖面，直径 15cm

图 5-106

孔方兄，直径 16cm

图 5-107

三号蛋，直径 12cm

图 5-108

缺如，宽 11cm

图 5–109

兄弟，直径 13cm

图 5–110（左）

禽鸟镜，直径 15cm

图 5–111（右）

花蕾，直径 17cm

图 5–112（左）

向日葵，高 17cm

图 5–113（右）

猕猴桃，高 18cm

图 5-114

向日葵，直径 13cm

图 5-115

半边宝，直径 12cm

图 5-116（左）

猫眼镜头，直径 8cm

图 5-117（右）

缺壳，直径 14cm

图 5-118

猴崽，直径 13cm

图 5-119

猴哥，直径 16cm

图 5-120

大空洞，直径 20cm

图 5-121

破损，直径 12cm

图 5-122

扫描镜，直径 16cm

图 5-123

吞，直径 16cm

图 5-124（左）

生殖崇拜，直径 20cm

图 5-125（右）

日落，直径 10cm

图 5-126

捧，直径 16cm

图 5-127（左）

高高在上，直径 8cm

图 5-128（右）

宝洞，直径 13cm

图 5-123

鸳鸯，长 15cm

图 5-123

蟾，长 12cm

图 5-131（左）

蛋中蛋，直径 15cm

图 5-132（右）

空洞，直径 18cm

图 5-133

空洞，直径 21cm

图 5-134

裂，直径 22cm

图 5-135（左）

升起，直径 6cm

图 5-136（右）

包，直径 11cm

图 5-137

洞中，直径 12cm

图 5-138（左）

蛮有味，直径 13cm

图 5-139（右）

飘，高 12cm

图 5-140

吊，直径 20cm

图 5-141

啊，直径 15cm

图 5-142

蛋糕，直径 18cm

图 5-143（左）

浮，高 9cm

图 5-144（右）

浮之二，直径 8cm

图 5-145

摇，高 10cm

图 5-146

镜缺，直径 13cm

图 5-147

看，高 10cm

图 5-148

双眼镜，直径 14cm

图 5-149

生肖镜，直径 14cm

图 5-150（左）

圆镜，直径 11cm

图 5-151（右）

海兽镜，直径 12cm

图 5-152

凸镜，直径 11cm

图 5-153

宝扇，宽 38cm

图 5-154

斗笠，直径 36cm

图 5-155

送宝鱼，长 30cm

图 5-156（左）

眼镜蛇，高 32cm

图 5-157（右）

里程碑，高 31cm

图 5-158

金蟾，长 7cm

图 5-159（左）

牛头，高 38cm

图 5-160（右）

牛头，宽 25cm

图 5-161

大蜂巢，宽 38cm

图 5-162

接收器，宽 30cm

图 5-163
骨化石

图 5-164
牙化石

图 5-165
牙化石

图 5–166

藏头露尾，宽 18cm

图 5–167

蛋化石

图 5–168

长蛋化石，直径 37cm

图 5-169

八戒

图 5-170

河马群像

图 5-171

鳄鱼头，长 20cm

参考文献

[1] 湖南地质局．湖南古生物图册 [M]. 北京：地质出版社，1982.

[2] 沈阳地质矿产研究所．东北地区古生物图册（一）[M]. 北京：地质出版社，1980.

[3] 中国科学院南京地质古生物研究所，植物研究所《中国古生代植物》编写小组．中国植物化石（第一册）[M]. 北京：科学出版社，1974.

[4] 张和．中国古生物化石 [M]. 北京：地质出版社，2010.

[5] 刘道荣．奇石鉴定 [M]. 福州：福建美术出版社，2010.

[6] 湖南省新化县土壤普查办公室．新化县土壤志 [M]. 1983.

[7] 新化县志编纂委员会．新化县志 [M]. 长沙：湖南出版社，1996.

[8] 谢天宇．中国奇石美石收藏与鉴赏全书 [M]. 天津：天津古籍出版社，2005.

[9] 地质科学研究院，地层古生物论文集编委会．地层古生物论文集（第1–6辑）[M]. 北京：地质出版社

[10]. 金鹰达．化石的故事 [M]. 海口：南海出版公司，2006.

[11].（英）西里尔 · 沃克，戴维 · 沃德．化石 [M]. 北京：中国友谊出版公司，

注：本书化石标本为作者所藏。